花图鉴

500种庭院花卉识别与养护

日本主妇之友社　编著

张文慧　译

初春之花  春 之 花

初夏之花  夏 之 花

秋 之 花  冬 之 花

目 录

本书特色 … 4

初春之花

初春之庭 … 6
三色堇、堇菜 … 8
香雪球 … 9
牛舌樱草 / 多花报春 … 10
藏报春 … 11
樱花草 / 高穗花报春 / 球花报春 … 12
海石竹 / 猪牙花 / 肺草 … 13
玛格丽特 / 仙客来 … 14
雏菊 … 15
水仙 … 16
藏红花 / 风信子 / 麝香兰 … 17
雪滴花 / 蓝瑰花 / 花韭 … 18
小苍兰 / 酒杯花 / 雪光花 … 19
细辛叶毛茛 / 布兰达银莲花 / 雪头开花 … 20
桃花树 / 瑞香 / 红花檵木 … 21
其他的初春之花 … 22

春之花

春之庭 … 24
郁金香 … 26
勿忘草 / 倒提壶 / 牛舌草 … 29
黄花玛格丽特 … 30
圭亚那雏菊 / 白晶菊 / 黄晶菊 … 31
蓝目菊 / 混色蓝目菊 / 凉菊 … 32
非洲太阳花 … 33
蓝眼菊 / 异果菊 … 34
金盏花 / 纸鳞托菊“银瀑” / 山芫荽 … 35
矢车菊 / 黄苏丹 … 36
鹅河菊 / 蓟 … 37
门氏喜林草 … 38
喜林草 / 南庭芥 / 百可花 … 39
婆婆纳“牛津蓝” … 40
宿根龙面花 / 双距花 / 日冠花 … 41
马蹄纹天竺葵 / 盾叶天竺葵 … 42
香叶天竺葵 / 锦葵 / 大花天竺葵 … 43
山无心菜 / 卷耳状石头花 / 卷耳 … 44
蛾蝶花 / 肥皂草 … 45
钻石花 / 屈曲花 / 桂竹香 … 46
金鱼草 / 紫罗兰 / 针叶天蓝绣球 … 47
欧洲银莲花 / 波斯毛茛 / 小鸢尾 … 48
黑种草 / 野芝麻 … 49
绵毛水苏 / 大戟 … 50
虞美人 / 花菱草 / 簇生花菱草 … 51
匍匐筋骨草 / 绛车轴草 / 毛剪秋罗 … 52
芍药 / 庭菖蒲 … 53
红花矾根 / 黄水枝 … 54
白及 / 虾脊兰 / 铃兰 … 55
康乃馨 / 石竹 / 瞿麦 … 56
绣球藤 / 欧丁香 / 棣棠花 … 58
蝴蝶戏珠花 / 大花四照花 / 松红梅 … 59
高山杜鹃 … 60
其他的春之花 … 61

初夏之花

初夏之庭 … 64
矮牵牛 / 小花矮牵牛 … 66
苏丹凤仙花 … 68
新几内亚凤仙花 / 一点红 … 69
六倍利 … 70
琉璃繁缕 / 血红老鹳草 … 71
洋地黄 … 72
鲁冰花 / 倒挂金钟 … 74
宿根亚麻 / 美丽月见草 / 紫扇花 … 75
绣球花 / 栎叶绣球 … 76
洋甘菊 … 78
蓝盆花 / 日本蓝盆花 / 马其顿川续断 … 79
风铃草 / 桃叶风铃草 / 聚花风铃草 … 80
牧根风铃草 … 81
宿根风铃草“阿尔卑斯蓝” / 波旦风铃草 … 82
地黄 / 象牙红 / 海角苣苔 … 83
翠雀 … 84
飞燕草 … 86
西达葵 / 蓝雏菊 / 流星花 … 87
百瑞木 … 88
藿香蓟 / 夏槿 / 烟草 … 89
欧耧斗菜 / 耧斗菜 / 紫斑风铃草 … 90
除虫菊 / 忘都草 … 91
大丽花 … 92
飞蓬 / 红花 / 麦秆菊 … 94
大丁草 / 夏白菊 / 鳞托菊 … 95
洋蓟 / 红花路边青 / 大滨菊 … 96
高杯花 / 苹果蓟 / 长春花 … 97
毛蕊花 … 98
紫花珍珠菜 / 黄排草 / 缘毛过路黄 … 99
落新妇 … 100
蓍草 / 独尾草 … 101
柔毛羽衣草 / 天蓝尖瓣木 / 蓝星花 … 102
大花葱 / 细香葱 / 金槌花 … 103
溪荪 / 德国鸢尾 / 玉蝉花 … 104
朱顶红 / 文殊伞百合 / 克美莲 … 105

东方罂粟 / 荷包牡丹 / 古代稀 … 106
土耳其桔梗 / 金莲花 … 107
兔尾草 / 补血草 / 吉利花 … 108
加州蓝钟花 / 琉璃苣 / 猫须草 … 109
百里香 / 紫花琉璃草 / 天蓝绣球 … 110
薰衣草 / 美人樱 … 111
伞花麦秆菊 / 锦紫苏 / 洋常春藤 … 112
番薯 / 青木 … 114
玉簪 … 115
老鼠簕 / 针叶树 … 116
铁线莲 … 119
蔷薇 … 122
四照花 / 洋山梅花 / 栀子花 … 126
多花红千层 / 黄栌 … 127
金叶刺槐“弗里西亚” / 彩叶杞柳 / 复叶槭 … 128
其他的初夏之花 … 129

夏之花

夏之庭 … 132
马缨丹“黄光斑” / 马缨丹 … 134
白蝶草 … 135
百合（亚洲百合杂交种）/ 乙女百合 / 麝香百合 … 136
百合（东方百合杂交种）/ 百合（奥列莲杂交种） … 137
随意草 / 醉蝶花 / 黄帝菊 … 138
光千屈菜 … 139
旱金莲 … 140
雄黄兰 / 满天星 / 五星花 … 141
扶桑 / 飘香藤 … 142
阔叶马齿苋 … 143
柳穿鱼 / 西尔加香科科 / 婆婆纳“蓝色喷泉” … 144
穗花婆婆纳 … 145
牵牛 / 三色牵牛 / 茑萝 … 146
田旋花 / 蔓金鱼草 / 倒地铃 … 147
莲 / 睡莲 … 148
凤眼蓝 / 梭鱼草 / 星光草 … 149
百子莲 / 火炬花 … 150
姜黄 / 白鹤芋 / 马蹄莲 … 151
大花萱草 / 葱莲 / 美花莲 … 152
万花筒射干 / 桔梗 … 153
向日葵 … 154
翠菊 / 一枝黄花 / 一枝菀 … 155
百日菊 / 紫松果菊 / 琉璃菊 … 156
小百日菊 / 多花百日菊 … 157
硬叶蓝刺头 / 刺芹 … 158
刺苞菜蓟 / 蛇鞭菊 / 银苞菊 … 159
一串红 … 160
美国薄荷 / 猫薄荷 / 银香菊 … 162
橙花糙苏 / 倒伏荆芥 / 彩虹菊 … 163
美丽苘麻 / 花葵 / 芙蓉葵 … 164
木槿 / 凌霄花 / 圆盾状忍冬 … 165
假连翘 / 木曼陀罗 / 叶子花 … 166
其他的夏之花 … 167

秋之花

秋之庭 … 170
秋英 / 硫华菊 … 172
巧克力秋英 … 173
菊类（洋菊） … 174
向日葵“金字塔” / 荷兰菊 / 紫菀 … 175
金光菊 / 孔雀草 / 万寿菊 … 176
胡枝子 / 大文字草 … 178
白头婆 / 败酱 … 179
打破碗花花 / 秋海棠 / 圆叶景天 … 180
油点草 / 龙胆 / 长管香茶菜 … 181
野牡丹 / 金线草 / 紫珠 … 182
蓝花丹 / 地榆 / 地肤 … 183
红蓼 / 槭叶蚊子草 / 兰香草 … 184
石蒜 / 彼岸花 / 娜丽花 … 185
林荫鼠尾草 / 彩苞鼠尾草 … 186
墨西哥鼠尾草 … 187
蓝花鼠尾草 / 芒 … 188
青葙 … 190
雁来红 / 尾穗苋 / 千日红 … 191
紫芳草 / 紫茉莉 / 长药八宝 … 192
桂花 / 三脉紫菀 … 193
其他的秋之花 … 194

冬之花

冬之庭 … 196
羽衣甘蓝 … 198
四季秋海棠 / 酢浆草 / 头花蓼 … 199
矶菊 / 大吴风草 / 欧洲金盏花 … 200
梳黄菊 … 201
圣诞玫瑰 … 202
银叶香茶菜 / 五色椒 / 初恋草 … 204
秋水仙 / 番红花 / 彩眼花 … 205
垂筒花 / 匍匐木紫草 / 阴地蕨 … 206
蜡梅 / 山茶 / 少花蜡瓣花 … 207
其他的冬之花 … 208

园艺用语小知识 … 209
肥料的种类及施肥方法 … 210
植物的病虫害 … 214
索引 … 215

本书特色

本书选取了500多种适合种植在庭院里的花卉，按季节分类进行介绍。这些花卉可以栽培在容器或花盆里装饰阳台或院落。同时，本书也通过实例介绍了日本各地的许多美丽庭院，为读者提供了花卉的种植方法和搭配方式等相关内容。

本书介绍的花卉以常见的高人气花卉为主，还有一些最近新发现的品种。这些花卉基本上都能在户外栽培，当然也有在冬天需收进室内栽培的品种。

最近开花期长的园艺品种不断增多，培育方法不同，它们的开花期也有所不同，上市时间也不同。有些在温室等环境下绽放的盆花甚至可以不分季节全年上市。什么季节种什么样的花，搭配方法可以有很多种。本书尽可能地将同一图里出现的花卉都归纳在同一季节里介绍。此外，为了能够方便读者进行比较，书中还将相似的花卉归纳进了同一季节的内容中。

本书介绍的花卉播种、栽种时期及花期等以日本关东地区为标准。地区不同，以及植物的品种不同，适宜栽培的时期也会有所不同。因此，请读者以本书的内容为参考，根据具体情况来找寻适合的栽培佳期吧。

初春之花 Early Spring

初春之庭

从少花的冬天至初春，用盆栽去打造华丽的庭院吧

告知春天到来的花卉，有许多散发着迷人的香气。瑞香、水仙、风信子等的清新芳香使周围弥散着春天到来的喜悦气息。巧妙地将可爱的小球根和长期绽放的三色堇、堇菜等花卉相搭配，让它们在庭院里来一场热闹的表演吧。

珍珠绣线菊和连翘等花木与三色堇、报春花、郁金香的混栽让庭院变得华丽起来

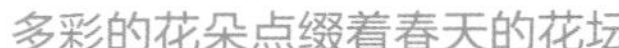

多彩的花朵点缀着春天的花坛

三色堇、堇菜

别名：蝴蝶花→→三色堇、堇菜→丛生三色堇 / 秋播一年生草本
花期：11 月 ~ 第二年 5 月 / **花色**：红、白、黄、粉、蓝、紫、杏黄等
高：10~25 厘米 / **播种**：8~9 月 / **栽种**：11 月
Viola × wittrockiana / 堇菜科

活跃于晚秋到第二年春天的花卉，色彩缤纷、众花齐放，为庭院增添了活力。有花朵直径达 12 厘米的超大花、适宜种在花坛里的中大花，以及开花独具个性、变化多样的品种等。堇菜属的花朵直径达 2~4 厘米，形态小巧，朴素却惹人怜爱的姿态让人不自觉地想要靠近。最近还出现了小型的三色堇和花朵较大的堇菜，因此也更难分辨它们的不同了。

●栽培要点

10 月以后幼苗上市，11 月左右栽种，建议寒冷地区在 3 月栽种。选择排水良好、光照充足的地方，多放一些腐殖土和堆肥，并施缓效性复合肥料作为基肥。因为它们的开花期长，所以要注意防止缺肥，开花后要勤剪残花。

▲褶边大花三色堇“奥卢基蓝影”
►小花三色堇

拱形的红砖矮墙与三色堇、香雪球搭配，呈现和谐的美感

堇菜在小小的花盆里显得格外可爱

小花簇拥成一团绽放

香雪球

别名：庭荠 / 秋播一年生草本
花期：5~6 月、9~10 月 / **花色：**白、紫红、蓝紫
高：10~15 厘米 / **播种：**9 月下旬 ~10 月上旬 / **栽种：**3 月、10 月
Lobularia maritima / 十字花科

会绽放出独特的甜香。原产于地中海沿岸地区，本是多年生草本植物，但在日本被归为一年生草本植物。覆盖于花坛边缘和高秆草花的底部，是进行容器内混栽的必备材料，小花朵簇拥在一起，一团一团地密集生长。常在浅底大花盆里满满绽放。

●栽培要点

不耐寒，冬天需要做好防霜等工作以保护植株。在日本南关东以西的温暖地区，即使在秋天也可栽种。喜光照充足的砂质土壤。

▲以紫色的花为中心的花盆，用粉色香雪球来镶边

◀紫花品种的香雪球

作为花坛的镶边

明亮的柠檬色惹人注意

牛舌樱草

别名：牛唇报春 / 耐寒性多年生草本
花期：4~5 月 / **花色：**黄
高：10~25 厘米 / **播种：**9 月
栽种：3~5 月、9~10 月
Primula elatior / 报春花科

从远处就能看到那显眼的黄花，是报春花属植物中有代表性的原种之一，因作为许多人工杂交的园艺品种的父母本而闻名。与花茎短的多花报春不同，牛舌樱草从植株底部长出花茎，茎顶开出数朵浅黄色的花，即使种在庭院里也是惹人注意的存在。可在花坛边缘处混栽蓝色的花相搭配。

●栽培要点

适宜在光照充足、排水良好的地方种植。对于经过多年的培植已长成大株的牛舌樱草，需要在梅雨前去除混杂、多余的茎，每 3~4 年将开花后的牛舌樱草进行 1 次分株处理，并做好通风以促其生根。

高人气的重瓣品种

颜色生动华美的花卉

多花报春

别名：西洋樱草 / 耐寒性多年生草本 / **花期：**12 月 ~ 第二年 4 月
花色：红、黄、粉、橙、紫、白、复色 / **高：**约 20 厘米
分株及栽种：9 月下旬 ~10 月上旬
Primula × polyantha / 报春花科

花朵会接连开放。盆苗和盆花在 11 月左右上市，可以在此时种植在容器中以装饰庭院。最近，也有重瓣品种上市。将其多彩的花色进行混栽，形成醒目的色彩，可为庭院增添热闹的气氛。

●栽培要点

盆栽最好放置在光照充足的窗边。室内温度太高会影响花色，所以最好在没有暖气的地方进行种植。也适宜种在温暖、光照充足的露天处。

用牛舌樱草、多花报春等报春花属植物营造出召唤春天的情景

淡雅的花色和泛紫的叶子

藏报春

别名：中国樱草 / 耐寒性多年生草本
花期：12 月 ~ 第二年 4 月 / **花色**：白、粉等 / **高**：10~25 厘米
播种：9 月 / **栽种**：3~4 月、9~10 月
Primula sinensis / 报春花科

在还带些寒意的初春，藏报春就能开出如浅色樱花般的花朵。耐寒性强，但不耐夏天的暑热，因此在日本被归为一年生草本，是云南报春的近亲，叶肉肥厚，内侧常呈酒红色。在寒冷地区，初夏也会开花。

●栽培要点

适宜在光照充足和排水良好的地方种植。如果想要让花再次绽放，开花后要勤剪残花。每月施液肥 2~3 次能让花朵持续开放。夏天可将盆栽移到凉爽的树荫下。

让人联想起樱草，动人的初春之花

樱花草

别名：乙女樱、报春花 / 夏播或秋播一年生草本 / **花期：**12 月 ~ 第二年 3 月
花色：红、粉、紫、白 / **高：**20~30 厘米 / **播种：**6 月、9 月（发芽适温：15℃）
栽种：10 月（生长适温：10~20℃）
Primula malacoides / 报春花科

较耐寒，是受人们喜爱的初春花卉，也经常作为春天装饰花坛的材料。樱花草是原产于中国的小花、多花品种，原是多年生草本，在日本被归为一年生草本。作为花坛用花，其“黄莺系列”尤其受欢迎。

●栽培要点

如果土壤表面干燥了应浇足水，在花上洒水容易得灰霉病，所以要注意。春天每月施 2~3 次液肥，开花后要勤剪残花。

有着美丽花穗的报春花属植物

高穗花报春

别名：高穗报春 / 抗寒、多年生草本 / **花期：**3~5 月 / **花色：**紫、粉 / **高：**20~40 厘米
播种：3~4 月、秋（发芽适温：15~20℃）/ **栽种：**3~4 月（生长适温：15~20℃）
Primula vialii / 报春花科

原产于中国，是形态独特的报春花属植物。有着像绛车轴草一般的红色花穗，下面开着紫色、粉色的小花，颜色分明，就像彩色的糖果。从种子开始种植，春天至初夏时期有幼苗上市。

●栽培要点

宜种在水分适宜的向阳处，夏天适合放在半日阴的落叶树下。开花后放置于凉爽的地方。也可作为盆栽花卉，夏天宜放到凉爽的地方管理。

原产于喜马拉雅山区的动人野草

球花报春

耐寒性多年生草本 / **花期：**3~4 月 / **花色：**红、粉、白 / **高：**15~40 厘米
播种：6~7 月（发芽适温：15~20℃）/ **栽种：**5~10 月（生长适温：15~20℃）
Primula denticulata / 报春花科

原产于喜马拉雅山区，花朵直径约为 2.5 厘米，十几朵呈红色、白色的花朵聚成球状。耐寒性强，盆栽比较简单，在日本关东以西的地区想要露地栽培比较困难。

●栽培要点

建议盆栽。到开花期之前适宜在光照充足的地方栽培，之后放到半日阴的地方。栽种在硬质鹿沼土与轻石砂配比为 7:3 的土壤中，施入固体有机肥料，开花后和秋天的时候也要施肥。每月需喷洒杀菌剂 1~2 次。

置于花坛和岩石花园里

海石竹

别名：滨簪 / 耐寒性多年生草本 / **花期**：3~6 月 / **花色**：红、粉、白
高：8~30 厘米 / **播种**：3 月、10 月（生长适温：15~20℃）
Armeria / 白花丹科

多种植在花坛边缘和岩石花园等处，是易栽培的强健草花。又名“滨簪”的海石竹是株高 8~10 厘米的矮生品种，一般在 3~4 月开花。常作为切花的宽叶海石竹株高 50~60 厘米，5~6 月开花。

●栽培要点

宜种在光照充足、排水良好的地方，建议避开西晒处种植。长成大株后若遇高温多湿的环境可能会迅速枯萎。因此，需要每 2 年进行 1 次分株。

原产于美国的猪牙花

猪牙花

别名：西洋猪牙花 / 秋植球根 / **花期**：3~4 月 / **花色**：红、粉、黄、紫、白
高：10~30 厘米 / **栽种**：8 月下旬 ~9 月（生长适温：5~15℃）
Erythronium / 百合科

“宝塔”猪牙花

猪牙花属植物，多是产于北美洲的野生原种。园艺品种有花为深粉色的“粉美人”，开白花的“白美人”和黄花的“宝塔”等，花要比日本的原种的花大上一圈，比较容易栽培。

●栽培要点

不耐热，所以“宝塔”猪牙花以外的猪牙花较难在日本本州中部以西地区栽培。初秋的时候需要趁早将球根在还没变干之前种下。宜选择在半日阴及排水良好的地方栽培，秘诀是要将它种得深一点。

半日阴处也能培育的美丽花朵

肺草

耐寒性多年生草本 / **花期**：4~5 月 / **花色**：蓝、白、粉等 / **高**：10~30 厘米
栽种：3~4 月、10 月 ~11 月上旬（生长适温：15~20℃）
Pulmonaria / 紫草科

药用肺草

蓝紫色的药用肺草的叶上有着美丽的斑点，可入药。还有花为粉色并渐变成泛蓝的甜肺草及窄叶肺草等。

●栽培要点

耐寒性强，但不宜在高温多湿的地区栽培。地栽需种在有树荫的半日阴处，盆栽只需在夏天转移到可避免西晒的凉爽的半日阴处。土壤表面干燥时需要及时浇足水。夏天注意不要让植株缺水。

花色柔和的秀丽花朵

玛格丽特

别名：木春菊、木茼蒿 / 半耐寒性多年生草本
花期：12 月 ~ 第二年 5 月 / **花色：**粉、黄、白 / **高：**60~100 厘米
栽种：3 月下旬 ~4 月（生长适温：15~20℃）
Argyranthemum frutescens / 菊科

在从冬天到初夏这一段较长时间里，白色、粉色、黄色的秀丽花朵绽放开来。柔和的花色及羽状深裂的绿叶协调相称。适合在日本南关东以西的温暖地区进行庭院种植。其枝干和茎叶木质化成半灌木状，因而能越冬。最近它的重瓣品种也十分有人气。目前常见的是白色的本地种，单独种植在花盆里十分亮丽夺目。

●栽培要点

初春的时候购买盆苗或是盆花，3 月下旬 ~4 月适合栽种到花盆里。放置到光照充足、温暖的地方，每月施液肥、追肥 1 次可让花持续开到 5 月。要勤将残花摘除。开花后对植株进行修剪并移到凉爽的地方。

花色混合有双色，入手该品种能让人享受到观赏花卉颜色变幻的乐趣，增添新鲜感

深红色的仙客来为三色堇等浅色花卉添上点睛一笔

点缀着冬春两季的代表性花卉

仙客来

别名：篝火花 / 秋植球根 / **花期：**10 月 ~ 第二年 4 月
花色：红、红紫、桃、黄、白等 / **高：**15~25 厘米
栽种：9 月中旬（生长适温：10~22℃）
Cyclamen persicum / 报春花科

有“冬日盆花女王”之称的高人气花卉，从冬天到春天，美丽的花朵接连绽放。园艺品种有具有观赏性的大花品种、花色浅的品种，还有花色明亮、植株强健的杂交 F1 代及迷你型小花品种等。

●栽培要点

尽量选择叶多、植株紧实、花蕾多的品种。要给干燥的盆土浇足水直到盆底有水流出，注意栽培时不要让叶和花与球根缠在一起。

最近大热的黄花品种

有太阳菊之称的秀丽花朵

雏菊

别名：太阳菊 / 耐寒性多年生草本
花期：3~5 月 / **花色**：红、粉、白 / **高**：约 15 厘米
播种：9 月中旬（发芽适温：15~20℃）
栽种：11 月、3 月（生长适温：10~20℃）
Bellis / 菊科

生长在欧洲的野生多年生草本，因为不耐日本夏天的炎热气温，在日本被归为一、二年生草本。大多数园艺品种开重瓣花，分株种植后可长成大株，从初春到初夏接连开出惹人怜爱的花朵。作为春天花坛里的代表性花卉，自很久以前就很受欧洲人喜爱。

●栽培要点

喜光照充足的地方和微湿的黏质土，不喜酸性土壤，所以种植前需在土壤中加入石灰以中和酸性。可在秋天到冬天购买带花盆苗，种在花坛或花盆里，便可长期轻松地观赏到花朵。建议种在避开寒冷风霜的地方。

▲银莲花、玛格丽特、松虫草、花簪鳞托菊的混栽，衬托着明艳的红雏菊

▼ 种在可爱的小花盆里的雏菊

初春开出飘香的花朵

水仙

别名：那喀索斯、黄水仙 / 秋植球根
花期：12 月 ~ 第二年 4 月
花色：橙、黄、白 / **高**：10~45 厘米
栽种：9~11 月（生长适温：10~20℃）
Narcissus / 石蒜科

欧洲从 16 世纪开始栽培的球根植物，从冬天到春天开出秀丽的花朵，点缀着庭院并散发出诱人的香气。垂直向上生长的绿叶是冬天地被植物中的重要组成。群植之后非常好看，因而选用大型容器并在里面一起种上同样的品种也是不错的选择。此外，在岩石花园等风格的庭院里种上围裙水仙等小型野生品种也会增添一种风情。

●栽培要点

从冬天到春天，喜在光照充足、排水良好的地方生长。在种植穴上施用完熟的堆肥和缓效性复合肥料，施在球根直径 2~3 倍深的土壤内。开花前施入基肥量一半的追肥。起球的最佳时期是在叶子开始变黄的 6 月。冬天时应注意防止盆栽干燥，要勤浇水。

伞形花序品种“加利利”

重瓣品种“冰王”

重瓣品种“大溪地”

原种围裙水仙

小花品种“喜月”

伞形花序品种“红宝石”

坪上种植也会十分美丽的可爱小球根

藏红花

别名：西红花 / 秋植球根 / **花期：**11 月、2~4 月 / **花色：**黄、紫、白 / **高：**10~18 厘米
栽种：9 月~11 月上旬（生长适温：5~15℃）
Crocus / 鸢尾科

有人喜欢水培藏红花。除了群植于花坛外，将它的球根一棵一棵地种到岩石花园、草坪中也会很好看。它的园艺品种一般都在春天开花，有纯白、大朵、多花的“贞德”、金黄色的黄番红花等品种。

●栽培要点

如果种植在花坛里，宜种植于光照充足、排水良好的砂质土壤里。深挖土壤，除了加入石灰外，还要先施拥有均衡的氮、磷、钾营养的缓效性基肥，然后再种上球根。覆土深度以约 3 厘米为宜。

甜香飘荡于春风中

风信子

别名：洋水仙 / 秋植球根 / **花期：**3~4 月 / **花色：**红、粉、黄、紫、蓝、白
高：约 20 厘米 / **栽种：**10 月（生长适温：17~23℃）/ *Hyacinthus* / 天门冬科（百合科）

如小星星般呈穗状的花朵一同绽放是风信子的特征。春天，除了种在花坛里，水培也是比较简单的种植方式。从冬天到初春，常用作室内园艺花卉，受到人们的广泛喜爱。其主要品种有早生、开纯白大花的“卡内基”，花呈明蓝色的“代尔夫特蓝”等。

●栽培要点

种植在普通花盆或箱形花盆里，冬天注意不要让它干燥缺水。秋天栽培球根，5 号花盆可放 1 棵球根，箱形花盆可放 5 棵球根。如要种植在花坛里，则覆土深度为球根直径的 2~3 倍。

与三色堇、麝香兰等混栽

美如蓝地毯，是春天花坛里不可或缺的花卉

麝香兰

别名：葡萄风信子 / 秋植球根 / **花期：**4~5 月 / **花色：**蓝、紫、白 / **高：**10~30 厘米
栽种：10 月~11 月上旬（生长适温：10~20℃）
Muscari / 天门冬科（百合科）

如葡萄般的花穗，与郁金香等组合在一起可以带来色彩独特的观赏乐趣。春天适合装饰在花坛边缘处，是起到很好的衬托作用的可爱花朵。结实、易栽培，在容器里群植也很美。常栽培的品种有白花品种“白魅力葡萄风信子”。

●栽培要点

购买球根时，要挑选生根状况好的球根。宜种植在排水良好的土壤里，从秋天到春天适合放在光照充足的地方。

▼白花品种

在雪中开放的动人花朵

雪滴花

别名：待雪草、雪花莲 / 秋植球根 / **花期**：2~3 月 / **花色**：白中带绿或黄色斑纹
高：10~20 厘米 / **栽种**：9 月下旬 ~10 月（生长适温：5~15℃）
Galanthus / 石蒜科

在德国传说中，雪滴花为了将自己的白色分给雪，会在雪中绽放。开小巧动人的花朵，有许多变种、园艺品种在市面上流通。虽然品种繁多，但这些品种的内侧 3 片花瓣的尖端都带有或绿或黄的斑纹，在日本又被称为“待雪草”。

● 栽培要点

从秋天到春天适合种在光照充足的地方，夏天宜种在半日阴的地方。用堆肥、有机肥料作为基肥与土壤充分混合，9 月下旬 ~10 月覆 2~4 厘米厚的土进行栽种。每 3 年翻土 1 次。

伊朗绵枣儿

耐寒性强的美丽花朵

蓝瑰花

别名：绵枣儿 / 秋植球根（鳞茎）/ **花期**：3~6 月 / **花色**：粉、紫、蓝、白 / **高**：7~80 厘米
栽种：10 月上旬 ~11 月上旬（生长适温：12~25℃）
Scilla / 天门冬科 （百合科）

强健、易栽培的小球根，在北半球分布有约 100 个品种，包括 2~3 月开花的西伯利亚绵枣儿，株高 7~10 厘米、适合种植于小型岩石花园、花盆里的绵枣儿等。5 月开花的西班牙蓝铃花（*Hyacinthoides hispanica*）株高 30~50 厘米，适合用作切花或装饰于花坛里。

● 栽培要点

宜种在光照充足、排水良好的地方，种植的诀窍是让植株保持微干的状态，在每平方米的土地上倒入 200 克左右的石灰并混匀。覆土深度约为 5 厘米。茎叶变黄则需要起球。

混栽的白花品种

无须花费太多精力栽培也能自然增殖

花韭

别名：春星花 / 秋植球根 / **花期**：3~4 月 / **花色**：蓝、白 / **高**：10~15 厘米
栽种：9 月下旬 ~10 月（生长适温：5~20℃）/ *Ipheion uniflorum* / 石蒜科 （百合科）

基本品种的花色为浅蓝色，6 片花瓣的尖端突出，组成星形的小花。叶子和鳞茎会散发出如韭菜般的香气，故在日本又被称为花韭。园艺品种有花色为美丽的深蓝色的花韭“威利兰”等。

● 栽培要点

耐寒性强，栽种后的管理基本上不怎么费事。栽种后 3~4 年简单放置即可。

秋天间隔 5~10 厘米种植，覆盖上基本能把球根隐藏起来的薄薄的土，施入少量的缓效性基肥。

初春的彩色芳香花卉

小苍兰

别名：香雪兰 / 秋植球根 / **花期：**11 月 ~ 第二年 5 月 / **花色：**红、粉、橙、黄、紫、蓝、白
高：30~90 厘米 / **栽种：**9 月下旬 ~12 月中旬（生长适温：8~20℃）
Freesia / 鸢尾科

具有半耐寒性，喜低温，若温度在 25℃以上，则花不能持久开放。但在温暖地区即使种植在庭院里也可以生长。从纤细的茎叶先端开出小花并飘散出迷人的香气。用于切花也很受欢迎，有黄、白、红等丰富的花色。

●**栽培要点**

日本东京附近进行庭院种植时，应在 11 月 ~12 月中旬种植，让其度过严寒期。盆栽时用 5 号花盆可放 7 棵球根，9 月下旬是栽种的适宜时期。冬天要防霜冻。开花后、叶子变黄时要起球。

小型品种的盆栽

花色罕见，适合盆栽

酒杯花

秋植球根 / **花期：**4~5 月 / **花色：**红、蓝紫、浅蓝、白、复色 / **高：**15~30 厘米
栽种：10 月（生长适温：10~20℃）
Geissorhiza / 鸢尾科

6 片花瓣呈星星状开放并左右对称。代表性的花色有蓝紫色的单色，以底部呈红色、花瓣先端呈紫色为特征的复色等，多彩华丽，是以南非西南部为中心分布的球根植物。在日本因为耐寒性差，宜盆栽。

●**栽培要点**

宜用排水良好的土壤，5 号花盆可种 8~10 棵球根。放置在光照充足的地方，冬天要防霜冻，注意防止干燥。5 月下旬叶子变黄就要晾干，将整个花盆搬到半日阴处越夏。

适合新手种植的小球根

雪光花

别名：雪宝花 / 秋植球根 / **花期：**3 月 / **花色：**蓝紫、蓝、白 / **高：**10~15 厘米
栽种：10 月中旬 ~11 月中旬（生长适温：10~20℃）
Chionodoxa / 天门冬科（百合科）

初春，在雪地里开出闪亮的鲜艳花朵。基本花色为蓝紫色，开花期在 20 天以上。可盆栽或种植于花坛里等，享受园艺的乐趣。品种有大花、晚生的巨型雪光花、中生品种雪百合等。

●**栽培要点**

容易成活的秋植球根。夏天宜种在凉爽的树荫下，如果种在排水良好的地方就不需要挑土质。盆栽时选择 4 号花盆，可放入 5 棵球根，覆盖上约 1 厘米厚的土。开花后叶子变黄时就要起球，将球根晾干后保存起来。

雪百合

于初春绽放的鲜艳黄花

细辛叶毛茛

耐寒性多年生草本 / **花期**：3~4 月 / **花色**：黄、橙、白 / **高**：5~10 厘米
栽种：秋天（生长适温：10~20℃）
Ranunculus ficaria / 毛茛科

在心形叶子之间长出花茎并开出鲜艳的小花。常见品种开黄色的 5 瓣花，还有重瓣、橙花等品种。晚春时期结出种子时，植株的地上部分会枯萎，夏天只留有地下茎部分。

●栽培要点

从秋天到第二年 6 月左右，在叶子刚长出来的时候需要日照；夏天到秋天正值植株的休眠期，要将其放置在背阴处。喜湿，但忌过湿。从夏天到秋天可以进行移植。晚秋根部开始活动，此时要定期施液肥，每周 1 次。

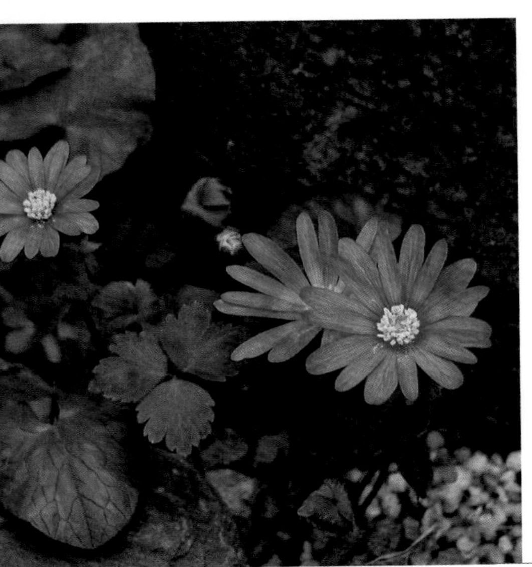

在春风中开放，精灵般的花朵

布兰达银莲花

别名：希腊银莲花 / 秋植球根 / **花期**：3~5 月 / **花色**：粉、蓝紫、白 / **高**：5~20 厘米
栽种：10~11 月（生长适温：10~20℃）
Anemone blanda / 毛茛科

以白色、蓝色为基调的动人花朵，原产于地中海沿岸地区。植株低矮，生长繁茂，小菊花般的花朵接连开放，带来一种山中野草般的动人魅力。喜通风、凉爽的半日阴环境。适宜在排水良好的岩石花园种植。

●栽培要点

宜种植于明亮、通风的地方，喜排水良好的碱性土壤。快速吸收水分后球根容易腐烂。因此，在种植之前可浅埋于湿润的水苔中，在 1 周左右的时间里让其慢慢吸收水分。

活跃于背阴处的地被植物

雪头开花

别名：岩白菜 / 耐寒性多年生草本 / **花期**：2~5 月 / **花色**：浅红、粉、白 / **高**：10~60 厘米
播种：4~5 月（发芽适温：15~20℃）/ **栽种**：3~4 月、9~10 月（生长适温：10~20℃）
Bergenia × schmidtii / 虎耳草科

耐寒性强的常绿多年生草本。生长在森林地表岩石之间。地上部分为粗壮的根状茎，上有革质的叶子。分枝的花茎先端长有花朵，呈圆锥花序。即使多年过去草姿也不乱，易栽培，因而常作为盆栽植物种植于花坛、岩石花园内。

●栽培要点

耐寒性强，易栽培。喜排水良好、酷暑时期为半日阴的地方。宜栽种在混合了腐殖土且排水良好的土壤里。通过开花后分株或实生方式进行繁殖。

小型品种深受欢迎

桃花树

落叶乔木 / 花期：3月中旬~4月 / **花色**：红、粉、白 / **高**：3~5 厘米
栽种：12月~第二年2月（生长适温：10~25℃）/ *Prunus persica* / 蔷薇科

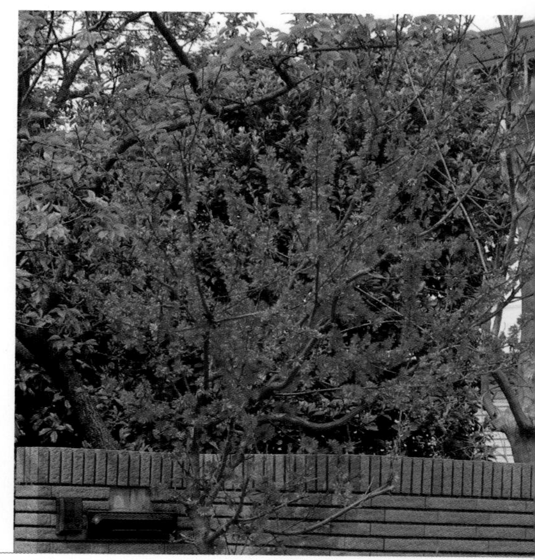

原产于中国，日本女儿节（3月3日）的时候开花，主要用于赏花，有重瓣白花“关白”、重瓣粉花“矢口”等花形美丽的园艺品种。在狭窄的庭院里适宜种植树形较细的品种，如小型的“照手桃”、矮生品种彩桃等。也可以盆栽。

●**栽培要点**

宜种在光照充足、排水良好的肥沃土壤里，需堆高土壤将植株种植在稍高位置，并且要让其保持微干的状态，这是栽培的小窍门。开花后进行修剪促其短枝长出，冬天进入落叶期时修剪掉多余的枝干，以调整树形。

甜甜的香气告知春天的到来

瑞香

常绿小灌木 / 花期：3~4月 / **花色**：白、红 / **高**：1~2 米
栽种：3月上旬~5月上旬（生长适温：10~25℃）
Daphne odora / 瑞香科

有4片花瓣的小花成团绽放，是有香气花木里较有代表性的一种，又名“沈丁花”。初春会开出紫红色的花朵，散发出清爽的香气。有白花瑞香、叶缘带有浅黄白色叶斑的金边瑞香等品种。

●**栽培要点**

喜温暖，所以冬天要在避开北风强的地方种植，适宜在光照充足、排水良好、含有肥沃的腐殖质土壤里栽培。长大的植株再进行移栽容易枯萎，因此种植前要好好挑选地方。

红花满满地开放

红花檵木

别名：红檵木 / 常绿灌木 / **花期**：4~5月 / **花色**：红、粉 / **高**：4~5 米
栽种：4~5月、10~11月（生长适温：10~25℃）
Loropetalum chinense var.rubrum / 金缕梅科

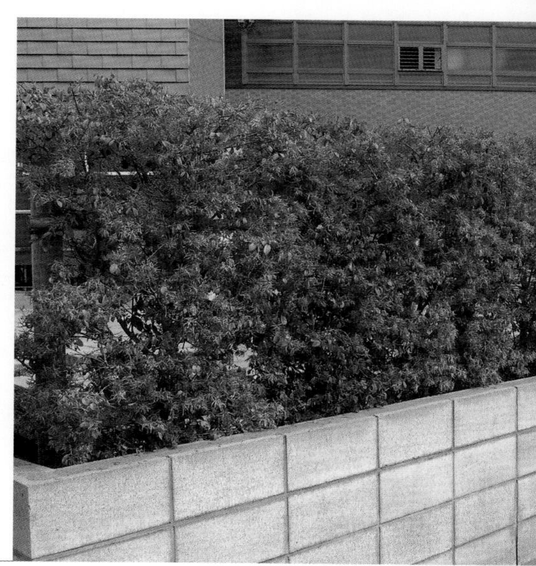

原产于中国的檵木的变种。因为枝干向上生长，所以可以在狭窄的庭院里种植。比较耐剪，所以也可以用作树篱。常绿树，4瓣花，有红花、粉花等变异品种。按叶色分绿叶种和红叶种两类。

●**栽培要点**

不太耐寒，在日本关东以西的地方适合庭院种植。栽种季节为春天和秋天。建议在开花后再进行修剪。也能在背阴处生长，但是光照不足时花就无法呈现出鲜艳的红色，这点要注意。

红花檵木树篱

河津樱
在众多的樱花品种里也算较早开放的品种。在日本东京周边 2 月开始就能看到樱花开放。

山茱萸
报春花木的一种。黄色花朵在初春的庭院里绽放。

连翘
黄花在枝上齐放的初春花卉。有很多种类。

马醉木
能开出白色的壶状小花，属杜鹃花科。也有粉花品种。

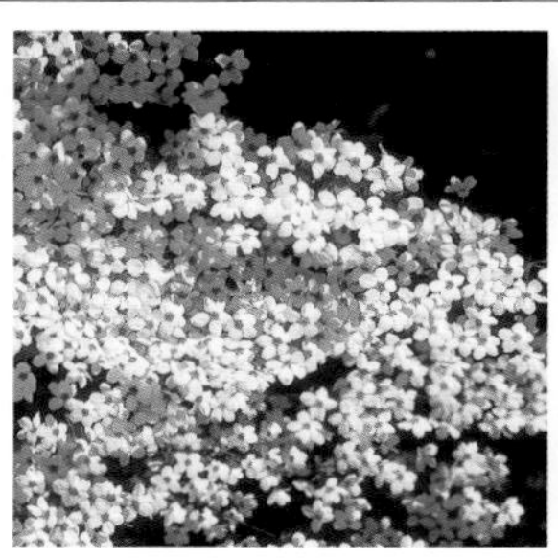
珍珠绣线菊
白色小花在枝上齐放的花木。看上去像是有一面被雪覆盖了一样。

梅花
有白花、红花、重瓣、垂枝等许多品种，是告知春天到来的有名花木。

贝利氏相思（金合欢）
为开黄花的花木。有好几个种类，银荆等为常见品种。

结香
因常作三叉分枝，所以在日本又叫“三桠”。一般开黄色花朵，也有红花品种。

西伯利亚绵枣儿
开出白色或蓝色的美丽花朵，属天门冬科秋植球根。开花期为 2~3 月。

油菜
自古就为人所熟知的初春花卉。又称欧洲油菜、油菜花。

福寿草
为人所熟知的新春花卉，是初春的山地野草。温暖地区可在 2 月开花。

大花银莲花
能开出美丽的大白花，是原产于欧洲的银莲花属植物。

芝麻菜
也常被当作小型叶菜的草本植物。基本上全年都能生长。

浅裂叶百脉根
又称鹦鹉嘴百脉根，除了此品种外还有黄花品种。主要以盆花的形式上市。

西洋杜鹃
主要以盆花的形式出现在市面上，是杜鹃花科植物。花朵华丽，品种繁多。

虎耳草
市面上较多见的为红花西洋虎耳草。可盆栽，享受其中的园艺乐趣。

春之花

Spring

春之庭

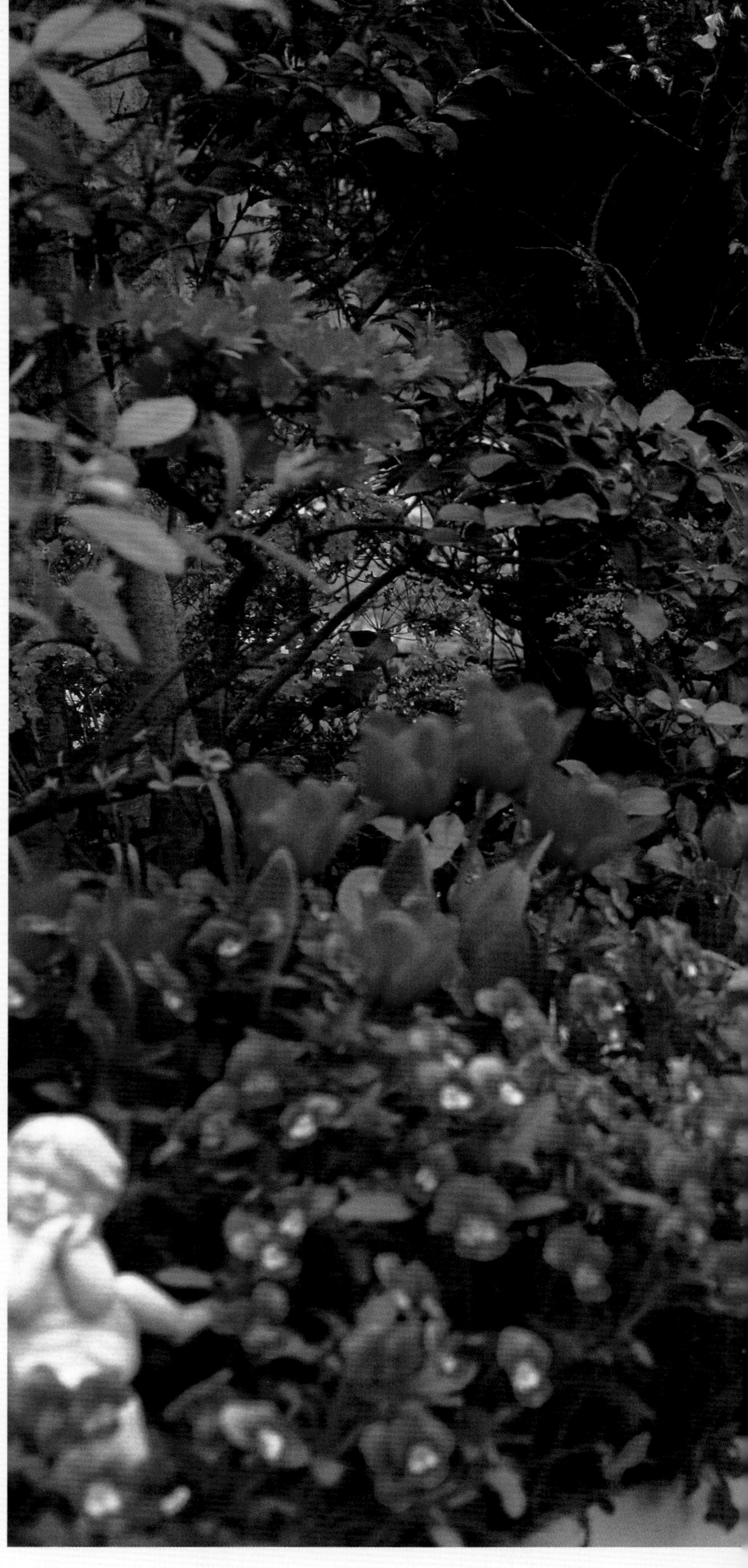

色彩鲜艳的春之庭里，郁金香、芍药、康乃馨等华美夺目的花卉成为主角。虞美人、勿忘草等植物通过自体传播种子，每年都会开花，是强健的一年生草本，增添了春天才有的独特气息。也可加入大花四照花等花木进行组合搭配，装饰春之庭。

春天的主角是郁金香，与三色堇、报春花、鞘冠菊等一同为庭院增添热闹气氛

“金牛津”

带有散乱边纹的“红翼”

为全世界所爱，春天开花的代表性球根品种

郁金香

秋植球根 / **花期**：3~5 月 / **花色**：红、粉、橙、黄、紫、白等 / **高**：20~70 厘米
栽种：10 月下旬 ~12 月（生长适温：10~20℃）/ *Tulipa* / 百合科

原产地为从中亚到土耳其、地中海沿岸地区，16 世纪在欧洲经过了品种改良。品种有花瓣上带不规则斑纹的伦勃朗群郁金香、先端尖起的百合花群郁金香、花瓣边缘有刻痕的鹦鹉群郁金香等，也有原种。

●栽培要点

种在一起会显得格外美丽亮眼。好几种一同种植，并配合开花期，会呈现出美丽的花景。种植前须好好地翻耕土壤，把复合肥料作为基肥。种植穴深度约为球根直径的 3 倍。冬天要注意别让它缺水。

镶白边的“阿基塔”

百合花群“白色胜利”

郁金香和三色堇可谓是一对固定搭档。红与白相搭，适合成排种植于宽阔的庭院和公共场所

黑色的“夜皇后”、粉色重瓣的天使郁金香盛开，轻柔绽放的勿忘草点缀在周围

三色堇和堇菜作为容器里的主角花卉装饰着墙壁，脚下有勿忘草覆盖地面。散发着柔和气息的天蓝色小花与任何植物都搭配得宜，作为地被植物具有很大的利用价值

让花坛亮眼起来的天蓝色小花

勿忘草

别名：勿忘我 / 秋播一年生草本 / **花期**：4~5 月 / **花色**：粉、蓝、白 / **高**：20~40 厘米
播种：10 月（发芽适温：15~18℃）/ **栽种**：11 月（生长适温：10~20℃）
Myosotis / 紫草科

会开出可爱花朵的草花，原为多年生草本，但在日本被归为一年生草本。如果和郁金香等一同混栽，其柔和的花色能够在浓艳的主花间起到调和的作用。勿忘草的名字源于英语的“Forget me not”。

●栽培要点

将种子直接播种到花坛里，发芽后进行间苗。需要 15 天左右才发芽，所以这期间注意不要让其缺水。初春购买盆苗栽种也是一个简单的种植方法。

▲种植在花坛里的勿忘草
◀白花品种

与勿忘草相似，容易栽培的小花

倒提壶

别名：蓝布裙 / 春播或秋播一年生草本 / **花期**：5~6 月
花色：蓝、粉 / **高**：50~100 厘米 / **播种**：春、秋（发芽适温：10~15℃）
Cynoglossum / 紫草科

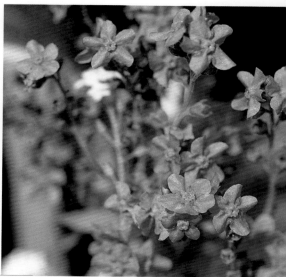

分布于中国西部的野生一年生草本。长得像勿忘草，密被糙毛。分枝上有多朵直径达 6~10 毫米的 5 瓣花。盆栽的情况下，摘心并使其在低处分枝，或者使用矮生品种也是不错的选择。

●栽培要点

强健、易栽培，不挑种植地点和土质，最好让其保持在微干的状态。在温暖地区于秋天播种，寒冷地区于春天播种。直接播种，覆土深度约为 5 毫米，一般过 5~10 天发芽。

小小蓝花簇拥开放

牛舌草

别名：非洲勿忘草 / 春播或秋播一、二年生草本 / **花期**：4~6 月
花色：明蓝 / **高**：20~60 厘米 / **播种**：3~4 月、10 月（发芽适温：15~20℃）
Anchusa / 紫草科

一般所说的牛舌草主要是指原产于非洲南部又称“非洲勿忘草”的好望角牛舌草。直径约为 5 毫米的明蓝色花朵簇拥开放。园艺品种有“蓝鸟”“蓝魅”等。

●栽培要点

宜种植在光照充足、排水良好、土壤肥沃的地方。通常在秋天直接播种，寒冷地区则春天播种。定植一般在春天进行。在凉爽的地方，开花后进行修剪还能复开。

黄花玛格丽特与白晶菊

茼蒿和玛格丽特的杂交品种

黄花玛格丽特

半耐寒性多年生草本

花期：3~6 月 / **花色：**黄

高：60~100 厘米

栽种：3 月下旬 ~6 月（生长适温：15~25℃）

Argyranthemum / 菊科

黄花玛格丽特是玛格丽特与常用作食材的茼蒿进行人工杂交而成的品种。与玛格丽特同样耐寒性较低，初春购买盆花就不用担心会遇上晚霜，可种植在庭院里。叶子与茼蒿相似，细细分裂开来。

●栽培要点

栽种时期适宜在 3 月下旬 ~6 月，喜阳光充足温暖的地方。每月追肥 1 次，6 月就能开花。不喜潮湿的环境，因此宜在土壤表面稍干的地方种植。开花后要进行修剪，放置在半日阴的地方。

开粉色花朵的菊科植物

圭亚那雏菊

耐寒性多年生草本 / 花期：4~6 月 / **花色：**白、粉 / **高：**20~30 厘米
播种：4~6 月、9~11 月（发芽适温：20℃）/ **栽种：**春、秋（生长适温：15~25℃）
Rhodanthemum gayanum / 菊科

曾经常被称为滨菊，但实际不是菊属而是假匹菊属植物。灰绿色的叶子茂密生长，绽放出白色和粉色的花朵。除了种植在花坛或花盆中外，因其生长出的柔软茎叶，也适合种植在吊篮里。

●栽培要点

宜种在光照充足、排水良好的地方，每周施 1 次液肥。耐寒，但不耐高温多湿的天气。为让其生长得不过于茂盛，酷暑时期要记得勤修剪茎叶，并做好通风。

一直从冬天开到初夏的可爱花朵

白晶菊

别名：晶晶菊 / **秋播一年生草本 / 花期：**3~6 月 / **花色：**白 / **高：**15~20 厘米
播种：9~10 月（发芽适温：15~20℃）/ **栽种：**3 月（生长适温：10~20℃）
Leucanthemum paludosum / 菊科

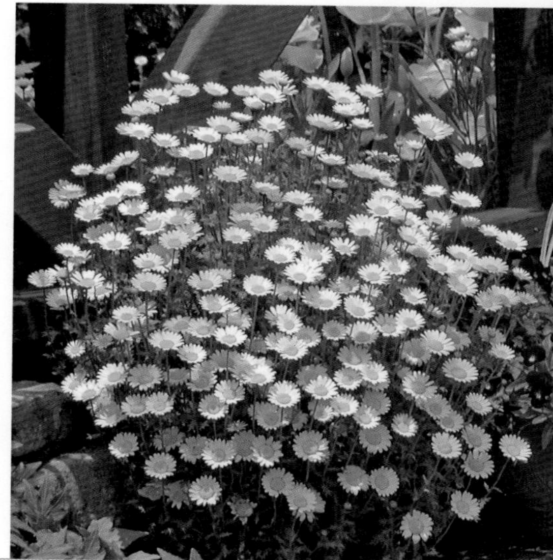

原产于北非，株高差异较大。虽仅为半耐寒植物，但比黄晶菊更抗寒，放置在避霜的环境中能一直开花到 3 月，也适宜在容器里进行混栽。园艺品种“北极”常作为该植物的代表种被使用。

●栽培要点

宜种在光照充足、排水良好的地方。秋天直接播种，发芽后间隔 15~20 厘米栽种。也可以在育苗箱里播种，然后临时栽种到 3 号花盆里，到了春天再移植在花坛中。

像菊花一样的可爱黄色花朵

黄晶菊

秋播一年生草本 / 花期：春至初夏 / **花色：**黄
高：10~15 厘米 / **播种：**9 月下旬 ~10 月（发芽适温：15~20℃）
栽种：3 月（生长适温：10~25℃）
Coleostephus multicaulis / 菊科

许多闪耀鲜艳的金黄色小花朵一同开放。原产于阿尔及利亚，株高 10~15 厘米。春天常种在花坛里，相比白晶菊，耐寒性较差，除了温暖地区之外，初春最好将其栽培在容器里观赏。

●栽培要点

宜在光照充足、排水良好的地方栽培。要避免过早播种。可以在 9~10 月播种到育苗箱里。长出 6~8 片真叶时，宜种植在 3 号花盆里，并放置在温室内越冬，春天再移植在花坛里。

美丽大方的魅力花朵

蓝目菊

别名： 熊耳菊 / 一年生草本或半耐寒性多年生草本 / **花期：** 7~9 月
花色： 黄、白、粉、橙等 / **高：** 30~70 厘米 / **播种：** 4~6 月、9~11 月（发芽适温：20℃）
定植： 春、秋（生长适温：15~25℃）/ *Arctotis* / 菊科

在银叶中长出茎干，开出如大丁草般美丽的花朵。花色多彩缤纷，也有会变色的品种，也常用于混栽。不耐热，从前就被归为一年生草本，然而近年市面上也推出了一些抗寒耐热的多年生草本品种。

●栽培要点

不喜高温多湿的天气，因此酷暑时期要注意修剪和做好通风，这样可以促其再次开花。土壤表面缺水时要及时浇水，每月施 1 次缓效性肥料。

凉菊和蓝目菊的人工杂交品种

混色蓝目菊

耐寒性多年生草本 / **花期：** 4~11 月 / **花色：** 红、黄、橙 / **高：** 15~20 厘米
播种： 9~11 月（发芽适温：15~18℃）/ **栽种：** 4~5 月（生长适温：15~25℃）
Venidioarctotis / 菊科

混色蓝目菊是凉菊和蓝目菊人工杂交出来的品种。有红、黄、奶油、橙等花色。花像大丁草，从春天一直开到秋天。其叶子与叶子边缘有刻痕的蓝目菊的叶子形态相似，被银白色的棉毛包裹着很是美丽。适合混栽。

●栽培要点

较抗寒耐热，环境良好的情况下能全年开花。宜放置在光照充足的地方，避免过于潮湿的环境。开花期长，所以要注意防止肥料耗尽，开花后将花茎从近根的基部剪除。

如蛇眼一般美丽

凉菊

别名： 南非黄菊 / 秋播一年生草本 / **花期：** 4~5 月 / **花色：** 橙 / **高：** 60~90 厘米
播种： 8 月下旬 ~9 月中旬（发芽适温：15~20℃）
Venidium fastuosum / 菊科

深橙色的花朵，春天种在花坛里尤为引人注目。花朵直径约为 8 厘米，中心如蛇眼镶嵌在里面。喜微干燥的环境，适合种植在花坛或作为盆栽。原产于南非，花会在白天绽放，到阴雨天、夜间则会闭合。可用作切花。

●栽培要点

不喜大苗移植，因此要尽早移植。播种后约 1 个月移植到 4 号花盆里，可放置在屋檐下或室内等能避寒的地方进行育苗。晴天可放到户外让其接触外面的空气。最好避免连作。

种有非洲太阳花等植物的花坛

鲜艳、让人印象深刻的花色

非洲太阳花

别名：勋章菊 / 一年生草本或耐寒性多年生草本 / **花期**：5~9 月
花色：粉、橙、黄、白 / **高**：20~30 厘米
播种：3~4 月、9 月下旬 ~10 月上旬（发芽适温：15~18℃）
栽种：4~5 月、10 月下旬（生长适温：10~25℃）/ *Gazania* / 菊科

花瓣基部带有复杂的纹样，直径为 6~8 厘米的鲜艳花朵白天开放，晚上和阴雨天闭合，适合在户外的容器内栽培。品种有巨大花“阳光”、拥有极多花性的“牧师”等。

●栽培要点

在花盆等容器里播种，长出 3 片左右的真叶后定植在小花盆或方形花盆里。冬天放入室内栽培，酷暑时期要进行遮光处理。种植于花坛时，宜选在光照充足、排水良好且微干的地方。

非洲太阳花“优福”

◀混栽有美人樱、鳞托菊等植物的壁挂式吊篮

黄花园艺品种

鲜艳夺目的花卉

蓝眼菊

别名：非洲雏菊 / 半耐寒性多年生草本 / **花期：**4~6 月
花色：粉、紫、黄、白 / **高：**30~40 厘米
栽种：6 月、10 月下旬 ~11 月上旬（生长适温：15~25℃）
Osteospermum / 菊科

作为盆花、花坛材料深受花友们欢迎。原产于南非，以前是异果菊属植物，现在归为蓝眼菊属。多为杂交品种，有矮生、大花品种，花色多而美丽，有美丽的桃色“摩伊拉”、白色的“马尔斯”等品种。

●栽培要点

到梅雨时期花朵会凋谢。因此，需要修剪掉 1/3 的植株，移到半日阴、通风良好的地方度夏。冬天温度需要在 3℃以上。

婷婷而立，花形如大丁草的花卉

异果菊

别名：非洲金盏 / 秋播一年生草本 / **花期：**4~6 月 / **花色：**橙、黄、白 / **高：**30~35 厘米
播种：9 月中、下旬（发芽适温：18~22℃）/ **栽种：**3 月中、下旬（生长适温：15~25℃）
Dimorphotheca / 菊科

原产于南非的花卉，可用于切花。多为一年生草本。异果菊株高 30 厘米，开直径约为 5 厘米的橙黄色花朵。园艺品种有纯白、杏黄色、深橙色等花色。

●栽培要点

3 月中、下旬移植在花坛或方形花盆里。不喜酸性土壤和多湿的环境，喜排水良好、肥沃的土壤。光照充足的时候会开花，所以最好将花坛和花盆置于有光照的地方。花朵枯萎后要勤摘残花。

开出橙色花朵的草本植物

金盏花

别名：金盏菊、大金盏花 / 秋播一年生草本 / **花期：**3~5 月 / **花色：**橙、黄
高：20~60 厘米 / **播种：**9 月（发芽适温：15~20℃）
栽种：10 月上旬（生长适温：10~20℃）
Calendula officinalis / 菊科

从前常种植在花坛或当作盆花栽培。作为切花其插花持久度高，因而常被用作佛花。英文名为“Pot marigold”，是受人们欢迎的草本植物。适合种植于花坛的矮生品种有“愉悦”、高生品种有“中安”等。

●栽培要点

9 月的时候在育苗箱或花盆里进行播种，也可以在花坛里直接播种，之后再进行几次间苗。摘心后让其长出 5~6 根侧枝，从而可增加开花量，更具观赏价值。

适合做成干花

纸鳞托菊“银瀑”

别名：花笺菊“银瀑”/ 半耐寒性多年生草本 / **花期：**3~5 月
花色：白 / **高：**15~20 厘米 / **栽种：**3~5 月
Helipterum anthemoides‘Paper Cascade’/ 菊科

原产于澳大利亚，特征是茎叶下垂并向外伸展。花蕾时期带有少许红色，但花色为白色。花整体偏干，可做成干花，并且质感不变。2 月左右市面上有开花的盆栽销售。是花笺菊属的成员。

●栽培要点

宜种在光照充足、排水良好、干燥的地方。不喜高温多湿的环境，因此夏天要在凉爽、干燥的地方栽培，冬天建议在室内栽培。

如糖果般的黄色花朵

山芫荽

别名：蜉蝣草、萤火虫花 / 秋播一年生草本或耐寒性多年生草本 / **花期：**3~7 月
花色：黄 / **高：**10~30 厘米 / **播种：**9 月~10 月中旬（发芽适温：15~20℃）
栽种：3 月（生长适温：10~20℃）
Cotula / 菊科

繁茂的茎间生长出花茎，顶部会开出圆形的黄色花朵。原产于南非至澳大利亚一带，叶子细裂。有绿叶的一年生草本鬈毛山芫荽，以及匍匐生长的多年生草本，带有银灰色丝状叶子的硬毛山芫荽等品种。

●栽培要点

种植在浅底花盆、排水良好的土壤里，喜在光照充足、通风良好的地方生长。强健但不耐高温多湿的气候，因此夏天宜放在凉爽、微干的地方栽培。冬天建议修剪后放置于室内窗边。

茎干笔直而立的紫色与蓝色的矢车菊和大花葱

形如鲤鱼幡风车的蓝紫色花朵

矢车菊

别名：蓝芙蓉、荔枝菊 / 秋播一年生草本 / **花期：**4~6 月
花色：红、粉、紫、蓝、白 / **高：**30~100 厘米
播种：9 月上、中旬（发芽适温：15~20℃）
栽种：10 月中旬、3 月下旬（生长适温：10~15℃）
Centaurea cyanus / 菊科

花形如日本鲤鱼幡上的风车(日语叫“矢车”)般，因而得名“矢车菊”。是于明治时期传播到日本的物种。经常用作切花或花坛用花而为人所熟知。有早生品种“寒开矢车”、茎干粗壮结实的“平山寒开”，以及被改良用作切花的高生品种，市面上也有大花重瓣品种，为红、紫、蓝、白花色的混合种子。

●栽培要点

宜种植在光照充足、湿度适宜、排水良好的地方。过于寒冷的天气会使叶子受伤，冬天建议在避开寒风的地方栽培。注意，如果在种子上面铺土太厚会不好发芽。长出 2~3 片真叶后移到花盆里，长出 5~6 片真叶后进行定植。

“蓝地毯”

柠檬黄色的矢车菊

黄苏丹

别名：黄花矢车菊 / 秋播一年生草本 / **花期：**4~6 月 / **花色：**黄
高：50~80 厘米 / **播种：**9 月上、中旬（发芽适温：15~20℃）
栽种：10 月中旬、3 月下旬（生长适温：10~15℃）
Centaurea suaveolens / 菊科

鲜艳的黄色花朵散发出芳香。原产地为里海海岸，花朵直径约为 5 厘米。叶子呈灰绿色、羽状浅裂。茎干和叶子无毛。近亲品种有开出粉色、白色花朵的“甜蜜苏丹”。

●栽培要点

宜种在光照充足、排水良好的地方。不喜过湿环境，幼苗时期施肥过量会致使徒长，植株倒伏。宜种在避开寒风的位置。种子盖上厚土则难以发芽。

▶覆盖新几内亚凤仙花植株基部的浅紫色鹅河菊

伴有纤细花瓣的可爱小花

鹅河菊

别名：雁河菊、丝河菊 / 秋播一年生草本 / **花期**：4~5 月
花色：蓝、紫红、粉、白 / **高**：30~40 厘米
播种：10 月（发芽适温：15~20℃）/ **栽种**：4 月上旬（生长适温：12~22℃）
Brachyscome iberidifolia / 菊科

从植株基部开始分枝，花朵直径约为 3 厘米，花量多。宜种植于花坛、方形花盆里，此外在吊篮里栽培也能生长茂密。一般的栽培品种有原产于澳大利亚西部的五色菊。

●栽培要点

秋天用等比例的赤玉土和腐殖土的混合土播种，放置在窗边栽培。长出 2~3 片真叶后进行移植。寒冷地区则在春天播种，6~7 月可赏花。

茎干撑起耀眼的紫色花朵

蓟

耐寒性多年生草本 / **花期**：3~8 月、11 月 / **花色**：红、粉、白
高：60~100 厘米 / **播种**：5~6 月、9 月（发芽适温：15~20℃）
栽种：10 月上旬（生长适温：10~22℃）
Cirsium japonicum / 菊科

野蓟的园艺品种，但却被弄错产地，俗称“德国蓟”，其实并不产于德国。植株高，花色鲜艳，在花坛里有突出重点的布景效果。也可用于切花。有“寺冈蓟”“乐音寺”“阿里粉”等园艺品种。

●栽培要点

在春天或秋天播种栽培，长出 6~7 片真叶的时候间苗，株间距约为 40 厘米。若种植地光照充足、排水良好，则不需挑土。冬天应铺上稻草以防霜冻。

与株高和花形相似的雏菊相搭，种植在浅底花盆里，十分可爱

沐浴在春光下，闪耀的“蓝瞳”

门氏喜林草

别名：琉璃唐草 / 秋播一年生草本 / **花期**：3 月下旬 ~5 月中旬
花色：蓝、紫、红、粉、白 / **高**：20~60 厘米
播种：9 月中、下旬（发芽适温：18~20℃）
栽种：3 月（生长适温：15~20℃）/ *Nemophila*‘Insignis Blue’/ 紫草科（田基麻科）

原产于北美洲，英文名为“Baby blue eyes（蓝眼宝贝）”。开出如澄澈的天空般美丽的蓝色花朵。茎叶横向生长，花绽放时能很好地覆盖掉枝干部分，因而被种在花坛边缘、容器或方形花盆里，花朵齐放时十分美丽。

●栽培要点

宜种在阳光充足、排水良好的地方。不喜移植，因此秋天要直接将种子播种到花坛里。发芽后间苗栽培。春天上市的带花苗株要保留根部栽种。

黑与白的独特花色

喜林草

秋播一年生草本 / **花期**：4 月 ~6 月上旬 / **花色**：暗紫、白 / **高**：20~60 厘米
播种：9 月下旬 ~10 月上旬（发芽适温：15~20℃）
栽种：3 月（生长适温：15~20℃）
Nemophila menziesii / 紫草科（田基麻科）

小巧如梅花般的暗紫色花朵，中心部分为白色，花瓣的白色镶边如蕾丝，十分罕见。小叶子呈细小的齿状，微匍匐生长。如用作花坛、混栽的点睛之笔，能给人留下独特、夺目的印象。

●栽培要点

宜种在光照充足、排水良好的地方。喜欢富含腐殖质的土壤。不喜移栽，9 月下旬 ~10 月上旬直接播种，越冬时需做好防霜冻工作，春天移植的时候要保留根部。

想让它开满花坛

南庭芥

别名：紫荠 / 秋播一年生草本 / **花期**：3~5 月 / **花色**：紫红、蓝、白 / **高**：10~20 厘米
播种：9 月（发芽适温：15~20℃）/ **栽种**：3 月（生长适温：15~22℃）
Aubrieta × cultorum / 十字花科

原产于地中海沿岸地区的多年生草本，不耐日本的高温多湿气候，因此在日本为秋播一年生草本。从春天到初夏，可为花坛增添色彩，也可作为盆栽花卉。会接连长出直径为 1~2 厘米的十字形花朵覆盖全株。

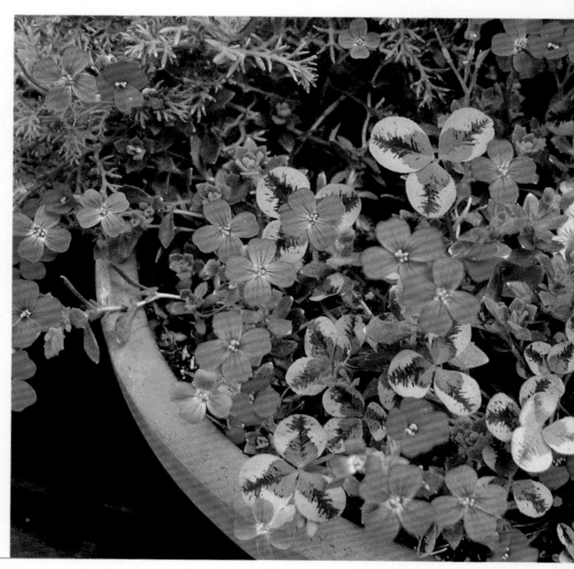

●栽培要点

宜种在光照充足、排水良好的地方，冬天做好防霜冻工作，并让其充分沐浴在阳光下以免其徒长，这是使其强健的栽培诀窍。盆栽时要混合排水良好的砂质土。

是栽培容器和吊盆中不可或缺的存在

百可花

别名：雪朵花 / 半耐寒性多年生草本 / **花期**：4~10 月 / **花色**：白、丁香紫、粉
高：5~15 厘米 / **栽种**：3~4 月（生长适温：15~25℃）
Sutera cordata（=*Bacopa cordata*）/ 玄参科

原产于南非的多年生草本，自 20 世纪 90 年代开始普及，开始时由德国业内人士在全球销售。花色丰富，因为百可花花量多、开花期长，所以是栽培于容器、吊盆里的高人气花卉。

●栽培要点

喜欢带有适度潮湿的弱酸性土壤，夏天应避开有强光照射的向阳处，注意不要让其缺水，这是能够长期观赏百可花的栽培诀窍。能忍耐 5℃左右的寒冷天气，但建议在室内栽培越冬。从春天到秋天要注意防止缺肥。

婆婆纳“牛津蓝”

攀缘蔓生的紫叶蓝花

婆婆纳“牛津蓝”

别名：乔治亚蓝 / 耐寒性多年生草本 / **花期：**4~5 月
花色：蓝、粉、白 / **高：**20~60 厘米
播种：5~6 月（发芽适温：15~20℃）
栽种：9 月（生长适温：15~22℃）
Veronica peduncularis‘Oxford Blue’/ 车前科（玄参科）

植株强健、花量多，细茎的分枝在地上匍匐，形如地毯般扩展。花色如阿拉伯婆婆纳般为明蓝色，并众花齐放。从下霜时期开始，植株整体渐变成暗紫色，可以观赏到与春天不同的叶色之美。

栽培要点

抗寒耐热，强健易栽培。9 月进行栽种、分株。需要在避开夕阳照射的地方栽培。初春要修剪掉枯萎的茎叶，之后能长出新芽，花季会非常美观。

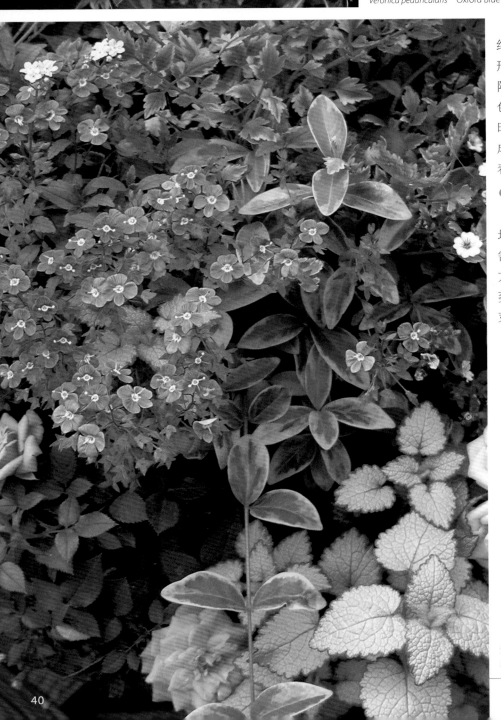

混栽有粉色的微型月季、蔓长春花、野芝麻等花卉

开花期长，易栽培的多年生草本

宿根龙面花

半耐寒性多年生草本 / 花期：3~6 月、10~12 月 / **花色：**紫、粉、白等
高：15~25 厘米 / **栽种：**4~9 月（生长适温：15~25℃）
Nemesia / 玄参科

通常说的龙面花是指经过改良的秋播一年生草本，宿根龙面花是由南非原产的灌木龙面花等培育出来的多年生草本。从地上长出数条茎并生长开来，茎顶有数朵花绽放，保持在 10℃左右的气温能让其在冬天继续开花。

● 栽培要点

比较不抗寒耐热。越冬要注意防寒，不让其受冻。盛夏时期避免西晒，注意不能缺水。入秋的时候移植。开花后修剪掉 1/3 的茎叶。

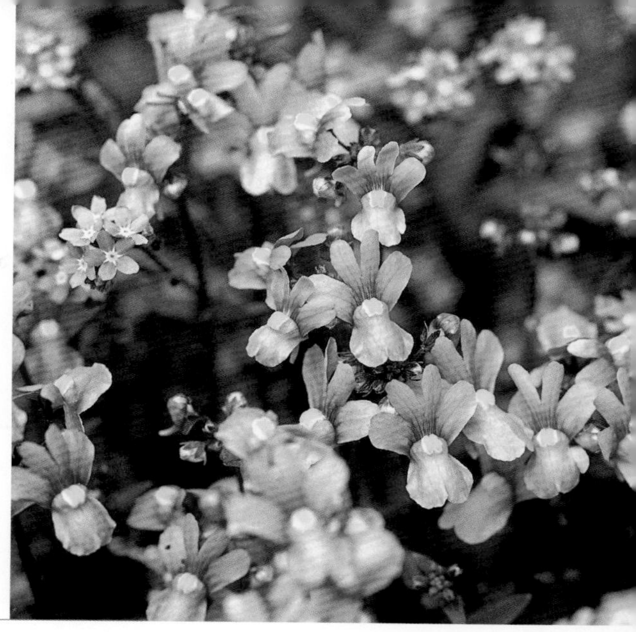

适合栽培于半日阴的花坛和吊盆

双距花

耐寒性多年生草本 / 花期：5~10 月 / **花色：**橙红、白等 / **高：**20~40 厘米
栽种：3~4 月、9 月（生长适温：15~25℃）
Diascia / 玄参科

双距花属植物的原产地以南非为中心，约有 50 个野生品种，最近快速发展成为培育品种。均为多年生草本，花朵开放后能几乎覆盖整个植株部分。此外，有一定的耐阴性，可在容器或吊盆里栽培。

● 栽培要点

夏天应避开强光，喜光照充足的半日阴环境，同时喜富含腐殖质的肥沃土壤。开花期长，所以要注意防止缺肥。勤摘残花，花变少的话要修剪掉一半的植株。

会让人想起爱琴海的花色

日冠花

别名：山洞紫罗兰 / 秋播一年生草本 / **花期：**4~6 月 / **花色：**蓝
高：15~45 厘米 / **播种：**9~10 月 / *Heliophila coronopifolia* / 十字花科

原产于南非西部的一年生草本。植株纤细，株高 15~45 厘米，能开出直径约为 1 厘米的醒目蓝色花朵。4 瓣花的中心部分泛黄色，有“蓝天先生”“亚特兰蒂斯”等品种。

● 栽培要点

宜在光照充足的地方栽培。9~10 月播种，培育到株高 15 厘米左右时移植。土壤水分多会造成徒长，所以浇水的时候注意保持土壤略微干燥的状态以避免徒长。开花后可采集种子进行繁殖。

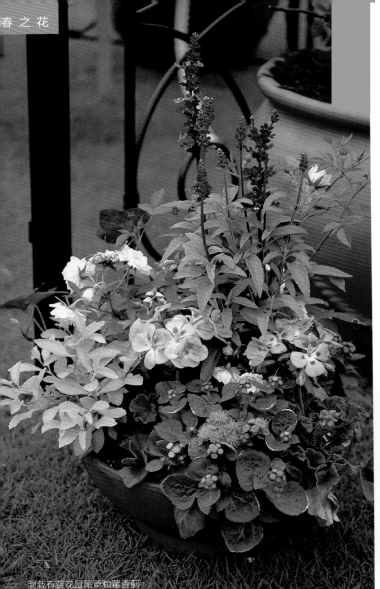

混栽有蓝花鼠尾草和藿香蓟

点缀欧洲窗边的花卉

马蹄纹天竺葵

别名：蹄纹天竺葵 / 半耐寒性多年生草本
花期：3~7 月、10~11 月 / **花色：**红、粉、白、复色
高：30~100 厘米 / **播种：**4~5 月 / **栽种：**4~5 月、9~10 月
Pelargonium zonale / 牻牛儿苗科

在世界各地都作为盆花栽培，在雨少的欧洲，是窗边不可或缺的装饰用花。花色多彩鲜艳。因为不太适应日本夏天的高温多湿和冬天的寒冷，宜在容器中栽培，并放置在光照充足的屋檐下等地方进行装饰，可长期保持美丽的状态，具有观赏性。

●栽培要点

在排水良好的土壤里加上石灰种植，要避免过湿，放置在干燥、凉爽的地方。夏天修剪枝叶，控制好浇水量。冬天放入室内。可进行插芽繁殖。

叶子带斑纹的天竺葵

有光泽的叶子像常春藤

盾叶天竺葵

别名：藤本天竺葵 / 非耐寒性多年生草本 / **花期：**4~6 月、10~11 月
花色：红、粉、白、复色 / **高：**约 20 厘米
栽种：4~5 月、9 月下旬 ~10 月 / *Pelargonium peltatum* / 牻牛儿苗科

具有半攀缘性的天竺葵，茎叶匍匐横向伸长，小朵、重瓣、多花，叶肉质略硬，稍带光泽。夏天比马蹄纹天竺葵还不耐热，酷暑的时候植株会变弱。可放置在避开雨水的地方。

●栽培要点

栽培方法基本同马蹄纹天竺葵。夏天植株有衰败倾向时，建议移到通风良好的半日阴处，控制好浇水量，并进行枝叶修剪，可以让植株恢复生机，秋天就能开花。初夏和 10 月可以进行插芽繁殖。

散发蔷薇般的甜蜜香气

香叶天竺葵

驱蚊草 / 非耐寒性多年生草本 / 花期：5~7 月
花色：粉 / **高：**50~100 厘米 / **栽种：**3~6 月（生长适温：15~25℃）
Pelargonium graveolens / 牻牛儿苗科

花本身并没有那么香，但是边缘裂开的叶子能散发出如蔷薇般迷人的芳香，常被用作高价玫瑰香油的替代品，有肉桂香味的“登蒂天竺葵”“苹果天竺葵”等品种，香叶天竺葵是它们的总称。

●栽培要点

宜种在光照充足、排水良好的地方，也可露地栽培，但是不耐高温多湿和霜冻，栽培于花盆、方形花盆里比较易于管理。4~5 月进行插芽可轻松繁殖。

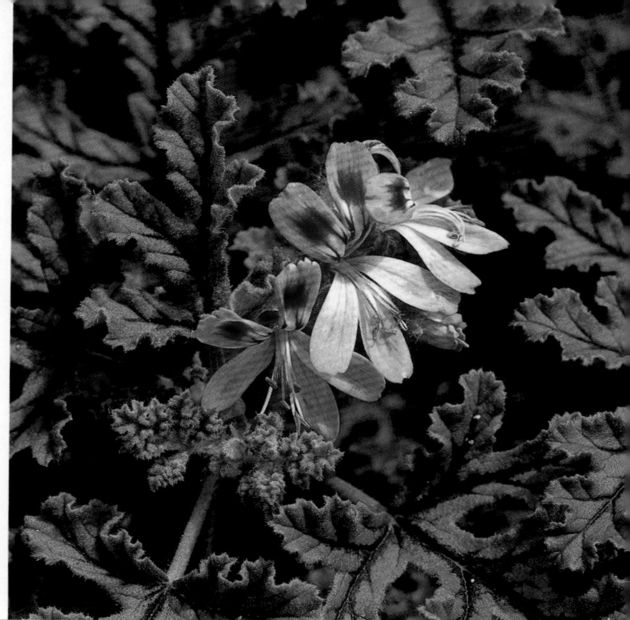

也可制作草药茶

锦葵

别名：荆葵 / 耐寒性多年生草本 / **花期：**7~9 月 / **花色：**粉、深紫
高：约 100 厘米 / **播种：**4~5 月、9~10 月（发芽适温：15~20℃）
栽种：5~6 月、10~11 月（生长适温：15~25℃）/ *Malva sylvestris* / 锦葵科

用锦葵的茎、叶泡茶，可治疗胃炎、支气管炎。品种丰富，有开出浅粉色花朵的“棉花糖”、用来泡草药茶会变蓝的欧锦葵等，这些品种均适合用来布置花坛。1 株就能茂盛生长开来，所以需要较大的种植场所。

●栽培要点

春天或秋天进行箱播。在 3 毫米深的地下种上种子育苗，然后移植到花坛或花盆里。栽种到花坛的时候要留有 40 厘米以上的株间距给植株生长。春天和秋天可分株繁殖。

不抗雨的娇艳花卉

大花天竺葵

别名：蝴蝶天竺葵 / 非耐寒性多年生草本 / **花期：**4~6 月
花色：红、紫、粉、白 / **高：**30~100 厘米
栽种、插芽：9~10 月（生长适温：12~22℃）
Pelargonium × domesticum / 牻牛儿苗科

原产于南非的天竺葵属植物，一季花。花朵直径为 5~8 厘米，华丽具有观赏性，有红、粉、橙红、白、金镶边等丰富多彩的花色。花朵淋雨后容易受损，宜栽培于花盆里。

●栽培要点

喜排水良好的土壤。从春天到夏天宜放置在明朗的屋檐下等处，并注意避雨。不耐寒，冬天要放置在有光照的室内。浇水时应浇到土壤中。

开出许多白色小花

山无心菜

耐寒性多年生草本 / 花期：4~6 月 / **花色：**白 / **高：**2~5 厘米
播种：9 月（发芽适温：15~20℃）/ **栽种：**3~4 月（生长适温：10~20℃）
Arenaria montana / 石竹科

野生于欧洲西南部的山岳地带。如小地毯般茂密生长的常绿多年生草本，春天开出直径为 1.5~2 厘米的白色小花，花量多，能基本覆盖掉植株。常用作遮盖裸露土壤的混栽素材，此外也是栽培于吊盆里的高人气花卉。

● **栽培要点**

不怕低温，但不耐高温，并且比起肥沃的土壤，该花更喜稍微贫瘠一点的土壤。能在岩石花园或花盆中栽培度夏。盛夏以外的其他时候宜放置在向阳处。

用于混栽或覆盖地面的小花

卷耳状石头花

别名：卷耳霞草 / **耐寒性多年生草本 / 花期：**5~6 月
花色：白 / **高：**10~20 厘米 / **栽种：**3~4 月（生长适温：10~20℃）
Gypsophila cerastioides / 石竹科

野生于喜马拉雅山区的岩石地带，为多年生草本。植株低而宽广，开直径约为 1.5 厘米的小花，多花齐放，适合用作地被植物。白色花瓣带有紫色的条纹，独特且时尚。

● **栽培要点**

植株强健，但不喜多湿环境，建议在有光照、通风良好的地方栽培。盆栽宜选用排水良好的土壤，盆土缺水时要浇水。偶尔施稀释过的液肥。

纯白动人的花地毯

卷耳

别名：夏雪草、绒毛卷耳 / **耐寒性多年生草本 / 花期：**5~6 月 / **花色：**白
高：10~15 厘米 / **播种：**9~10 月（发芽适温：20℃）
栽种：3~4 月（生长适温：15~20℃）/ *Cerastium tomentosum* / 石竹科

原产自意大利的匍匐性多年生草本。株高 15~25 厘米，植株整体被白毛，从晚春到初夏，植株一侧开满纯白色的小花。横向匍匐生长，呈地毯状茂密生长，因此常种植在岩石花园或作为地被装饰、混栽等。

● **栽培要点**

日本关东以北地区可宿根栽培，但不喜梅雨天气和高温多湿天气，所以建议在每年秋天的时候播种栽培。用较为干燥的土壤能培育出茎叶更白、更漂亮的花卉。

华丽夺目的花容花色

蛾蝶花

别名：蝴蝶草 / 秋播一年生草本 / **花期：**3~5 月
花色：红、粉、紫、白 / **高：**20~30 厘米
播种：10 月上、中旬（发芽适温：15~20℃）
栽种：3 月（生长适温：10~20℃）
Schizanthus / 茄科

原产于智利的一年生草本，其名有“裂花”之意。花形有点像兰花，英文名为“Poor man's orchid（平民兰）”。多花，花呈金字塔状，层层叠叠、繁茂生长。怕雨，所以不适合露地种植。花色多为各色混合。

● **栽培要点**

喜寒冷、凉爽、干燥的生长环境。秋天播种时一定要覆土。当长出 2~4 片真叶时移到花盆里，之后，定植在 5 号花盆中。土壤需要混合石灰和缓效性复合肥料。植株易徒长，所以注意不要施太多氮肥。

在浅蓝色系的三色堇、勿忘草中，红色的蛾蝶花起到点睛的效果

甜美动人的香气和明亮的花色

肥皂草

别名：石碱花 / 耐寒性多年生草本 / **花期：**6~10 月
花色：红、粉、紫、白 / **高：**50~60 厘米
播种：10 月上、中旬（发芽适温：15~20℃）
栽种：3~4 月、10 月（生长适温：10~20℃）
Saponaria officinalis / 石竹科

原产于欧洲、西亚的多年生草本。称其为肥皂草，是因为它的叶子浸水会像肥皂一样起泡。植株强健，株高可达 50~60 厘米。多开粉色和白色的单瓣花，也有重瓣品种。抗寒耐热，易栽培。

● **栽培要点**

3~4 月及 10 月左右栽种。种植在有光照和排水良好的地方，不挑土壤。植株生长过长容易倒伏，可修剪以修整草姿。

冬天绽放的小星星状花朵

钻石花

别名：姬紫花菜 / 秋播一年生草本 / **花期**：12 月中旬 ~ 第二年 4 月 / **花色**：浅紫
高：5~10 厘米 / **播种**：9~10 月 / **栽种**：10~11 月 / *Ionopsidium acaule* / 十字花科

原产于葡萄牙，浅紫色的小花在枝条一侧如星星般绽放。4 瓣花，带有明显的十字花科特征，英文名有“Violet cress（紫水芹）”和“Diamond flower（钻石花）”。植株可自体传播繁殖，强健易生长。

● **栽培要点**

宜在光照充足的地方培育。秋天播种，如 9~10 月播种，1 个月左右就能看到花开。发芽后植株容易缠绕在一起，建议在植株还小的时候间苗。在温暖地区即使是冬天也能在户外开出动人的花朵。

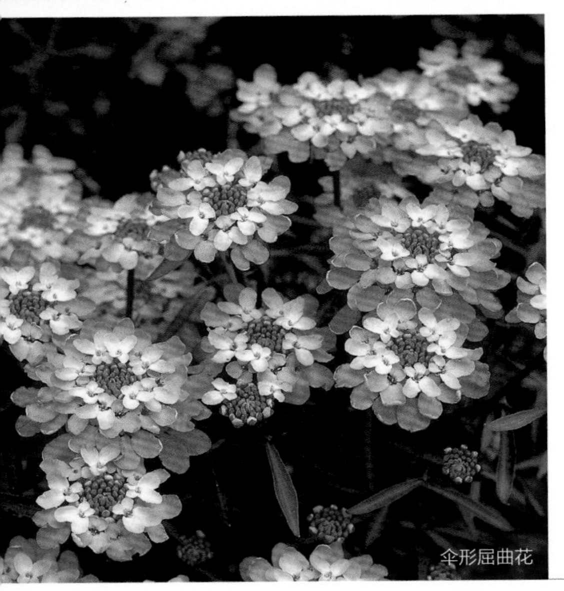
伞形屈曲花

能直接种在花坛里的小花

屈曲花

别名：蜂室花 、弯曲花 / 秋播一、二年生草本 / **花期**：4 月~6 月上旬
花色：红、紫、浅紫、粉、白 / **高**：20~50 厘米
播种：9 月下旬 ~10 月中旬（发芽适温：15~20℃）
Iberis / 十字花科

耐寒性强，易栽培，花茎先端带有许多直径约为 1 厘米的小花，常用于布置花坛或盆栽。株高 40~50 厘米的品种可用作切花。常用栽培品种有开白花的屈曲花、花呈紫红色的伞形屈曲花等。

● **栽培要点**

秋天宜在有光照、排水良好、常年耕作的肥沃土地上播种。因为具有直根性，不喜移植，所以要直接播种或是连带盆土一同移植。只需做简单的防霜冻工作就能越冬。寒冷地区一般春天播种。

飘荡着清爽的芳香

桂竹香

别名：香紫罗兰 / 秋播一年生草本 / **花期**：4~5 月 / **花色**：红、橙、黄
高：30~80 厘米 / **播种**：9 月中旬（发芽适温：20℃）
栽种：3 月下旬（生长适温：12~25℃）/ *Erysimum cheiri* / 十字花科

原产于欧洲南部的多年生草本，在日本为一年生草本。适合用于布置花坛。因为花带芳香，故又称为香紫罗兰。其英文名“Wall flower（墙花）”因古时该花常生长在墙壁上而得名。

● **栽培要点**

不喜移植，发芽后在长出 2 片真叶的时候上盆，长出 4~5 片真叶后定植到有光照和排水良好的地方，株间距为 25~30 厘米。为了不让土壤冻结，越冬的时候要做好防霜冻工作。

点缀晚春的庭院

金鱼草

别名：龙头花 / 秋播一年生草本 / **花期：**5~6 月、10~11 月
花色：红、粉、橙、黄、白 / **高：**15~100 厘米
播种：6 月中旬 ~7 月中旬，9 月上、中旬（发芽适温：15~20℃）
栽种：3 月、9 月（生长适温：12~25℃）/ *Antirrhinum majus* / 车前科（玄参科）

用手指夹住花筒，花的上下唇瓣会突然裂开，“金鱼草”的名字就是从这有趣的构造而得名的。原产地在地中海沿岸地区，原为多年生草本，在日本作为秋播一年生草本栽培，因多彩鲜艳的花色而成为春天花坛的高人气品种。

●栽培要点

因为金鱼草种子喜光，不能直接种于花坛里，而要种在平底花盆和育苗箱里，不用覆土。当长出 4~6 片真叶后移到花盆里，之后进行定植。冬天铺上塑料薄膜防霜冻。

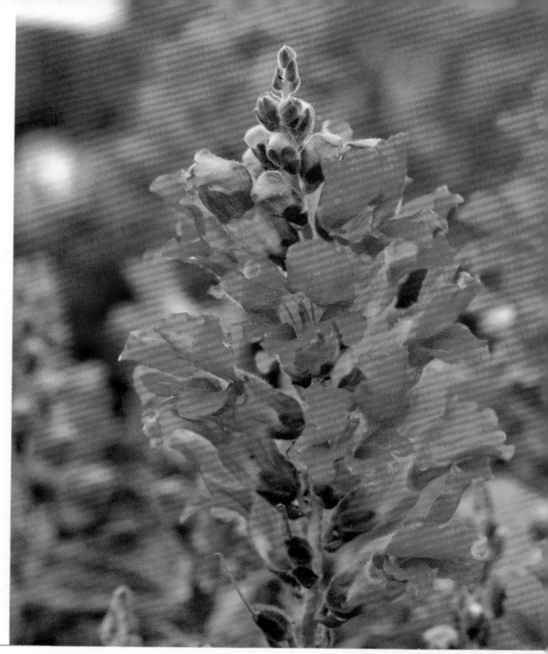

花量大的飘香花卉

紫罗兰

别名：草桂花 / 夏秋播种的一年生草本 / **花期：**春、秋 / **花色：**红、粉、紫、白
高：20~80 厘米 / **播种：**9 月，7 月下旬 ~8 月中旬（发芽适温：15~20℃）
栽种：10 月，夏天播种为 9 月（生长适温：15~22℃）
Matthiola incana / 十字花科

原产于南欧，散发甜蜜芳香的一年生草本，分为从茎部多分枝和茎部无分枝两类，也有适合盆栽的矮生品种。不在低温环境下就无法开花，以往只有春天开花的品种，后来培育出超级早生品种，所以现在也能在秋天用该花布置花坛。

●栽培要点

一般为 9 月播种，要想从秋天开始开花的话，需要在夏天播超级早生种。长出 4 片真叶后定植，茎部无分枝的品种的株间距为 12 厘米，茎部有分枝的品种的株间距为 15~20 厘米。

花如地毯般铺开

针叶天蓝绣球

别名：丛生福禄考、芝樱 / 耐寒性多年生草本 / **花期：**3~5 月
花色：红、粉、紫、白 / **高：**约 10 厘米
分株和栽种：10 月、3 月（生长适温：15~20℃）/ *Phlox × subulata* / 花荵科

原产于北美洲的多年生草本，如低草坪般在地面丛生。耐干旱，所以常作为地被植物种植在倾斜地。也适合布置在花坛前面、边缘处。近年来有紫花品种及白中带粉兼竖条纹的“多摩之水”等品种。

●栽培要点

春天购买苗株，在有光照、排水良好的地方间隔 30 厘米进行定植。开花前每平方米施复合肥料约 20 克。9 月进行分株，易繁殖。

薄如和纸般的花瓣

欧洲银莲花

别名：毛蕊茛莲花、冠状银莲花 / 秋植球根 / **花期：**3~5 月

花色：红、粉、紫、蓝、白 / **高：**25~40 厘米 / **栽种：**10~11 月（生长适温：10~20℃）

Anemone coronaria / 毛茛科

市场上的银莲花一般指的是球根花卉“欧洲银莲花”。花色鲜艳夺目，与薄而纤细、独具风情的花瓣相搭，广泛用于布置花坛、在容器中栽培，以及用作切花材料。有单瓣、重瓣等品种，花色缤纷艳丽。

● **栽培要点**

欧洲银莲花的球根为三角锥形，在平面部分发芽，根凸出的部分尖尖的，所以栽种的时候要小心。如果球根上下颠倒种植，就不会发芽。

花量多，颜色生动

波斯毛茛

别名：花毛茛 / 秋植球根（块根）/ **花期：**4~5 月 / **花色：**红、粉、橙、黄、白

高：25~50 厘米 / **栽种：**10~11 月（生长适温：10~20℃）

Ranunculus asiaticus / 毛茛科

波斯毛茛是银莲花的近亲品种，有黄色、橙色等银莲花没有的花色。群植后会增添一丝热闹气氛。品种有巨大花维多利亚系列，花朵直径达 15 厘米。还有超巨大花多利玛系列，适合布置花坛或用作切花，盆栽时适合用株高约为 25 厘米的“矮盆”。

● **栽培要点**

最好在光照充足、干燥的场所及排水良好的砂质土壤中栽培。如果将干燥的球根直接种植进去，水分会快速被吸收，所以刚开始种植的时候宜在稍微湿润的砂质土壤里浅埋，让其慢慢吸收水分。

灵巧的花朵，是切花的高人气材料

小鸢尾

别名：枪水仙 / 秋植球根 / **花期：**4~5 月 / **花色：**红、粉、黄、紫、白

高：50~90 厘米 / **栽种：**10~11 月（生长适温：10~20℃）

Ixia / 鸢尾科

原产于南非的半耐寒性球根花卉，日本关东以西地区也能露地栽培。纤细结实的茎干直立生长，因此适合作为切花材料，非常优美。有早生品种腺毛叶小鸢尾等，还有各类原种，将这些原种进行人工杂交培育出了许多市面上流通的园艺品种。

● **栽培要点**

在有好几年没有种植过鸢尾科植物，光照充足、通风良好的地方种植。不喜酸性土壤，所以栽种之前在土壤里要加一些石灰。不耐霜冻，所以 10~11月种植的时候要做好防霜冻工作。

▼黑种草的种子，中心部分有许多黑色的种子

纤细美丽的蓝色花朵

黑种草

别名：尼格拉 / 秋播一年生草本
花期：5~6 月
花色：蓝、紫、粉、黄、白
高：60~100 厘米
播种：9 月下旬 ~10 月中旬
Nigella damascena / 毛茛科

尼格拉为拉丁语“黑”的意思，因黑种草的种子是黑色的而得名。蓝、白是其花的基本色调，花被细丝状的总苞包围，呈独特的形状，其纤细的形象为人们所喜爱。开花后的子房形状独特，可用作干花或艺术加工。

●栽培要点

宜种在光照充足和排水良好的地方。具有直根性，所以不喜移植，需直接播种，播种时需保持好株间距。种子忌光，播种后必须覆土。栽培时控制好浇水量，保持略微干燥的状态，春天的时候就会开花。

园艺中常用的地被植物

野芝麻

别名：野藿香 / 非耐寒性多年生草本
花期：3~6 月 / **花色**：紫、粉、黄、白
高：10~20 厘米 / **栽种**：4 月、10 月
Lamium / 唇形科

有约 40 个品种分布于温带的亚洲至欧洲地区，是多年生草本。其同属品种“粉花野芝麻”野生于日本。植株强健易生长，茎叶在地面上匍匐生长开来，先端开出小花。适合在容器中栽培或是作为地被植物。有着美丽的银灰色叶子的品种在园艺品种中较受欢迎。

●栽培要点

喜湿润的土壤。不喜夏天闷热的环境，注意不要让其密集生长。斑叶品种特别容易出现叶片灼伤现象，适合在半日阴的地方栽培，要对过长的茎叶进行修剪。

▲紫花野芝麻“灯塔银 ”与堇菜的混栽
◀花叶野芝麻

◀东方罂粟、花菱草等在院中绽放，配上绵毛水苏，呈现出一番自然风光

▲绵毛水苏的花

叶子如羔羊耳朵

绵毛水苏

别名：绵草石蚕、羔羊耳
半耐寒性多年生草本
花期：5~6 月 / **花色**：紫红
高：约 40 厘米
栽种：4 月（生长适温：15~20℃）
Stachys byzantina / 唇形科

全草被白色柔毛，抚摸叶子会有摸羊耳的柔软触感，因而得名“羔羊耳”。许多人喜欢它那甜蜜的香气。在英国，作为经典草花而受人喜爱。花姿独特，春天被棉毛包裹的姿态是其一大魅力。

●栽培要点

不喜多湿气候，所以宜挑选在光照充足且通风、排水良好的地方栽培。堆土，将植株种在稍高位置是栽培该植株的诀窍。冬天要做好防寒措施。梅雨季节要防雨淋，盆栽的方式比较容易养活。

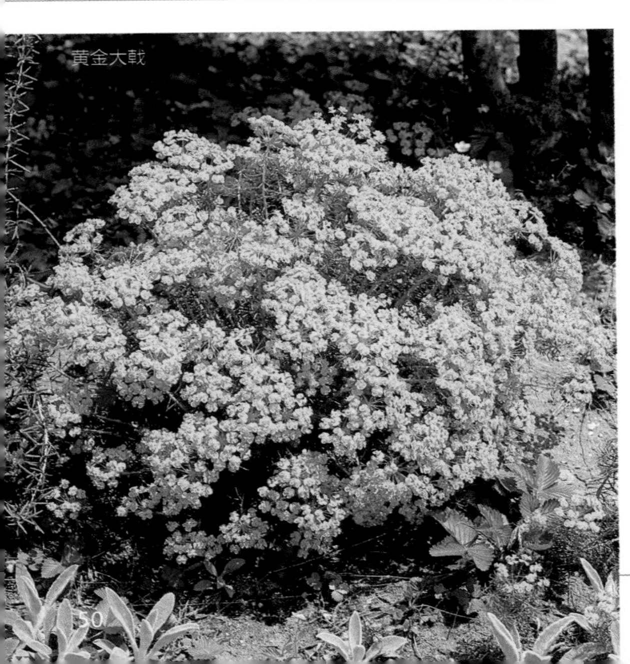
黄金大戟

黄花齐放于一侧

大戟

耐寒性多年生草本 / **花期**：3~6 月 / **花色**：黄、白 / **高**：30~70 厘米
栽种：9 月下旬 ~10 月中旬
Euphorbia/ 大戟科

鲜艳的黄色花朵在花茎的顶端簇拥绽放，周围包裹着黄绿色的苞叶，呈现出独特的花姿。分布于西欧至土耳其一带。随着花开，植株高度也有所增加。大戟属的品种有 1600 个以上，从多肉植物到乔木等。剪断茎干会流出白色的汁液。

●栽培要点

宜种在光照充足、排水良好的地方，但在半日阴处也能生长。强健易栽培，不喜高温多湿的气候，栽培时要注意浇水量，让其保持一个微干的状态。

如精工细作的薄纸馥郁的花朵

虞美人

别名： 虞美人草、野罂粟 / 秋播一年生草本 / **花期：** 春至夏
花色： 红、粉、橙、黄、白 / **高：** 50~120 厘米 / **播种：** 9~10 月（发芽适温：15~20℃）
Papaver / 罂粟科

初夏开出艳丽的红色或粉色花朵。原产于北半球北部地区的近亲品种冰岛罂粟会在 3~5 月开出黄色、粉色、白色等散发春天气息的花朵。此外，这 2 个品种也经常用于园艺栽培中，不含鸦片成分。

● **栽培要点**

宜种在光照充足、排水良好的地方，也可以进行露地栽培，但是不喜高温多湿的气候，也不抗霜冻，所以种到花盆里进行栽培、管理会比较方便。4~5 月可简单地进行插芽繁殖。

►清秀的白花品种
▼黄花品种

在初夏的风中摇曳的明艳花朵

花菱草

别名： 加州罂粟 / 秋播一年生草本 / **花期：** 4~6 月 / **花色：** 橙红、橙、黄、白
高： 20~40 厘米 / **栽种：** 9 月（发芽适温：15~20℃）
Eschscholzia californica / 罂粟科

原产于美国加利福尼亚州中部、南部地区的一年生草本，鲜艳的橙色为花朵的基本色调，改良品种有浅黄色、橙红色的花朵，是代表性的园艺品种。“奥兰提雅卡”是深橙色的单瓣大花品种，除用于布置花坛之外还常用作切花。

● **栽培要点**

喜光照，耐干旱，不喜多湿的环境，需选择排水良好的地方。因为不喜酸性土壤，需在土壤里撒上石灰中和。不喜移植，所以建议直接将种子播种到庭院或是方形花盆里。

开小花的花菱草的近亲

簇生花菱草

别名： 姬花菱草 / 秋播一年生草本 / **花期：** 4~5 月 / **花色：** 黄、奶油白
高： 20~40 厘米 / **播种：** 9~10 月（发芽适温：15℃）
栽种： 3~4 月（发芽适温：15~20℃）
Eschscholzia caespitosa / 罂粟科

与花菱草同属，纤细伸长的茎部顶端开出温柔的浅黄色花朵。在花坛里种上几株，可以营造出一种温柔的氛围，也适合用来混栽。

● **栽培要点**

不喜移植，宜直接播种或是在不破坏盆中植株根部的情况下进行移植。宜种植在有光照、排水良好，且略微干燥的弱碱性土壤中。栽种前施用苦土石灰进行中和，在施用缓效性肥料后再进行栽种。

紫色的地被植物

匍匐筋骨草

别名：西洋金疮小草 / 耐寒性一年生草本 / **花期**：5~6 月 / **花色**：蓝紫、粉、白
高：约 20 厘米 / **播种**：4~5 月、9~10 月（发芽适温：15~25℃）
栽种：3 月、9~10 月（发芽适温：10~25℃）/ *Ajuga reptans* / 唇形科

匍匐筋骨草是在日本野生的紫背金盘和金疮小草的同属品种，是欧洲地被植物的代表性花卉。通过匍匐茎繁殖，玫瑰花形的叶子覆盖着地面。春天从植株的中心部分开始成排长出花穗。结实，耐日阴。

●栽培要点

耐寒性强，植株强健。排水性差的情况下容易得立枯病，因此要松好土，让土壤排水良好。生长过于繁茂时需进行间苗。需要移栽，在秋天进行补植。

形如草莓的可爱花朵

绛车轴草

别名：绛三叶 / 秋播一年生草本 / **花期**：4~6 月 / **花色**：红 / **高**：50~60 厘米
播种：9~10 月（发芽适温：20℃）/ **栽种**：3 月（发芽适温：15~25℃）
Trifolium incarnatum / 豆科

原来是作为牧草而引入日本的植物，但因其能长出美丽的花朵，后被用作观赏植物。可作为地被植物、盆栽或切花材料等。“草莓蜡烛”一名为育苗公司所起，平时常称其为“绛车轴草”。

●栽培要点

不耐热，秋播一年生草本。种子小，所以发芽后要定植到花盆或花坛里。从春天到初夏持续开花。冬天在低温环境下也能开出美丽的花朵，这是栽培的诀窍。

群植在花坛中，呈现一方美景

毛剪秋罗

别名：毛缕 / 秋播一、二年生草本 / **花期**：6~9 月 / **花色**：红、粉、白
高：50~70 厘米 / **播种**：9~10 月（发芽适温：15~20℃）
Lychnis coronaria / 石竹科

植株整体被白毛覆盖，因其轻柔的触感，在日本又称为“法兰绒草”，是原产于欧洲南部的多年生草本，在日本为一、二年生草本。花朵直径为 2.5 厘米，植株高，花多，常用来布置花境、盆栽或用作切花材料。

●栽培要点

直接播种就能自行生长。在排水良好的地方播种，播种后轻轻按压，不需要覆土。发芽后，如生长过于茂密则进行间苗。寒冷地区在 5~6 月播种，7 月在户外定植。

与牡丹经人工杂交后培育出的品种“东方金芍药”

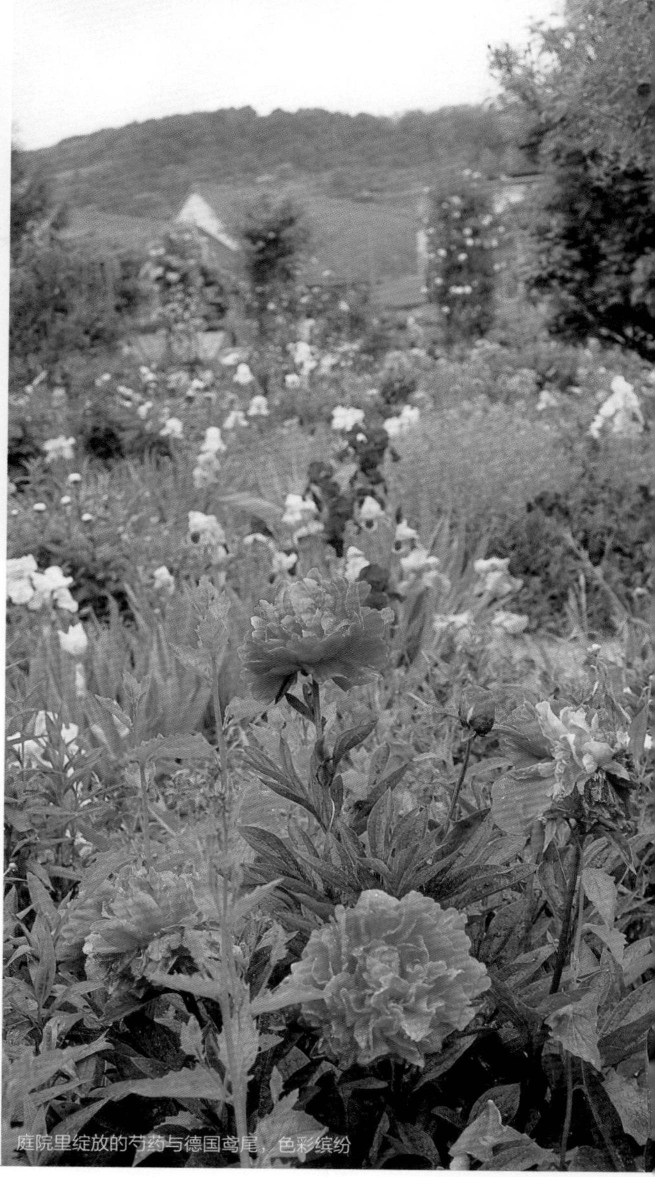

庭院里绽放的芍药与德国鸢尾，色彩缤纷

如牡丹般绽放出华丽的花朵

芍药

别名：离草、余容 / 耐寒性多年生草本 / **花期**：5~6 月
花色：白、红、粉、橙 / **高**：50~80 厘米 / **栽种**：9 月中旬 ~10 月上旬
Paeonia / 芍药科

虽然很像牡丹，但是牡丹为木本植物，芍药为草本植物，冬天地面上的植株是否干枯也是它们的不同之处。芍药能开出格外华丽的花朵，是春天的主角。花形多样丰富，也有与牡丹杂交的品种。

● **栽培要点**

栽种的最佳时期为9月中旬~10月上旬。在有光照，但夏天能避开西晒的地方，加入腐殖土等并施缓效性肥料进行栽培。5~10年都能保持强健的状态。

满满绽放的小花朵

庭菖蒲

别名：唐菖蒲 / 秋植球根 / **花期**：4~6 月 / **花色**：蓝紫、白、黄
高：10~15 厘米 / **栽种**：10 月中旬 ~11 月中旬（生长适温：10~20℃）
Sisyrinchium / 鸢尾科

基本花色为蓝紫或白色，许多动人的小花齐放，1 天内花开花谢。可用于盆栽、布置花坛或装饰于岩石花园里。原产于北非，耐热抗寒，植株强健，易栽培。适合作为地被植物或用来装饰花坛边缘。

● **栽培要点**

尤为强健的植物。只要是光照充足的地方，即使在贫瘠的土地上也能茂盛生长。通过自体传播种子广泛繁殖。在能野生的地区，冬天呈莲座叶丛状越冬。

庭菖蒲“加利福尼亚的天空”

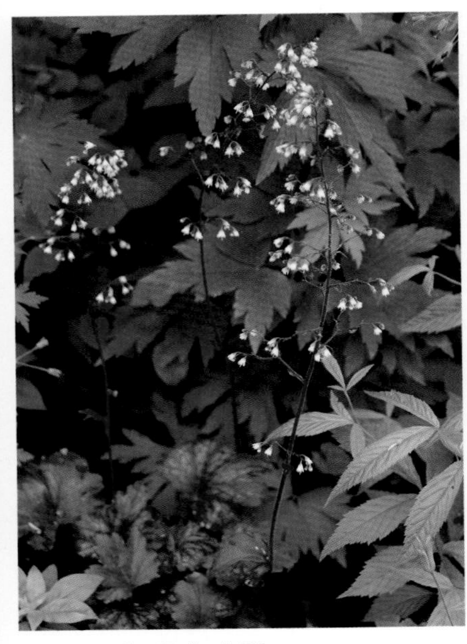

▲铜叶的红花矾根“王宫紫”
◀种植了红花矾根和黄水枝的庭院

红色花穗配上有魅力的美丽叶子

红花矾根

别名：珊瑚钟、红肾形草 / 耐寒性多年生草本
花期：5~6 月 / **花色：**红、粉、白 / **高：**30~60 厘米
播种：4~5 月（发芽适温：15~20℃）
栽种：9~10 月（生长适温：15~20℃）
Heuchera sanguinea / 虎耳草科

茎叶以植株为中心向周围分枝，先端开出许多豆粒大小的壶形小花。可持续开花 1 个月，所以可用作切花进行长期观赏。它是原产于英国亚利桑那州、墨西哥北部的多年生草本植物。日本关东以北地区可进行露地栽培。常绿的叶子很美，是较少见的叶子带色的植物。

●栽培要点

不喜夏天高温干燥的天气，夏天建议在无西晒的地方进行栽培。春天播种，秋天植株之间间隔 25 厘米进行移植，但是直接购买苗株进行栽培会更加轻松简单。喜富含腐殖质的土壤，喜生长在湿润但排水良好的地方。

彩色如红叶般的叶子

黄水枝

耐寒性多年生草本 / **花期：**5~6 月 / **花色：**红、粉、白
高：30~50 厘米 / **播种：**4~5 月（发芽适温：15~20℃）
栽种：3~4 月、9~10 月（生长适温：15~20℃）
Tiarella / 虎耳草科

叶深裂，模样美丽的植物。有种小号红花矾根的感觉。向上伸长的花穗前端开出或白或粉的花朵。还有与近亲红花矾根的人工杂交品种，能够同时欣赏到叶色和美丽的花朵。黄叶的“太阳黑子”等园艺品种也是较多用于栽培的品种。

●栽培要点

喜稍湿润的半日阴环境。不耐夏天的高温干燥天气，因此夏天注意在无西晒的地方栽培。在春天或秋天的时候购买苗株进行栽种比较简单。喜富含腐殖质的土壤，喜生长在湿润但排水良好的地方。

能在花坛里生长的强健兰花

白及

别名：紫兰、白芨 / 耐寒性多年生草本 / **花期：**5 月 / **花色：**红、粉、白
高：30~50 厘米 / **分株、栽种：**10~11 月（生长适温：15~25℃）
Bletilla striata / 兰科

从日本到中国西南部都有分布，野生于光照充足的原野、潮湿的草原、草地，是兰科植物中少有的强健品种，耐寒性强，花朵美丽，因此在欧美常用于布置花坛或用作切花。也可在花盆里栽培观赏。

●栽培要点

在栽培难度较大的兰科植物中，是少有的耐热、强健的品种。在光照充足、湿度适宜的地方种植，可以在不用移植的情况下常年栽培，2~3 年后在秋天进行 1 次分株能更好地开花。

人工杂交的华丽花卉品种

虾脊兰

耐寒性多年生草本 / **花期：**4~5 月 / **花色：**粉、紫、黄、白
高：30~50 厘米 / **栽种：**4~5 月、10~11 月（生长适温：15~25℃）
Calanthe / 兰科

◀▲各种花色的个体

在日本的阔叶林下生长，为落叶性的地生兰科植物。春天开花、分布最广的野生品种为虾脊兰（地虾脊兰），纪伊半岛以西分布有钩距虾脊兰、翘距虾脊兰，分布于伊豆群岛的大雾岛虾脊兰，还有这些品种的自然杂交品种高岭虾脊兰等。

●栽培要点

宜在建筑物的北侧、东侧等处，全年明亮背阴的地方管理。盆栽时使用排水良好的山草用土壤。温暖地区的原产品种需要在冬天做好防霜冻工作。开花后进行分株繁殖。

散发清凉香气的有魅力兰花

铃兰

耐寒性多年生草本 / **花期：**4~5 月 / **花色：**白、粉 / **高：**20~30 厘米
栽种：3 月（生长适温：10~20℃）
Convallaria majalis / 天门冬科（百合科）

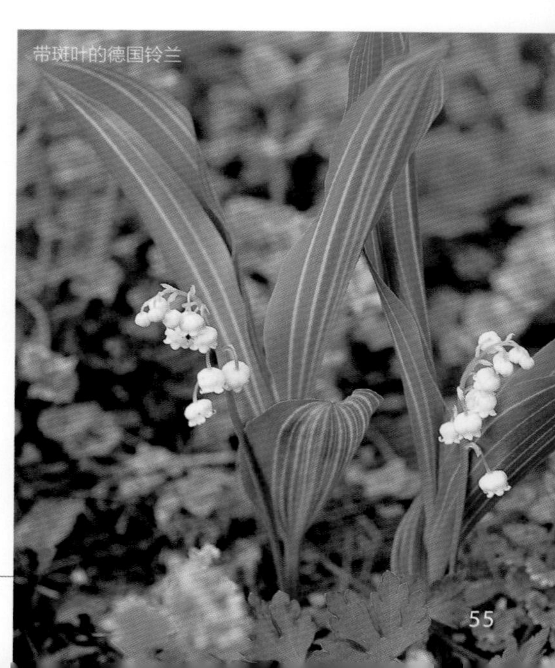
带斑叶的德国铃兰

野生于日本和朝鲜半岛的多年生草本，但在园艺店里常见的是原产于欧洲的德国铃兰。叶子比日本的野生品种更圆更厚，且更深绿和更富有光泽，花朵也较大，因此具有较高的观赏价值，可用于布置花坛、盆栽或用作切花。

●栽培要点

夏天在凉爽的树荫等地种下地下茎。喜腐殖土等肥沃的黏质土。地下茎前段的芽在第三年会变成花芽，要浅种大芽和中芽，小芽则要深种在 9 厘米厚的土壤里。

在欧洲进化的石竹属植物

康乃馨

别名：香石竹、狮头石竹 / 半耐寒性多年生草本 / **花期：**全年
花色：红、粉、橙、黄、白 / **高：**15~130 厘米
栽种：4~5 月（生长适温：15~25℃）/ *Dianthus caryophyllus* / 石竹科

原是一季开花的植物，但在 19 世纪培育出四季开花的品种后，作为切花材料其市场需求急增。以前提起康乃馨，主要是作为切花材料，但是最近其矮生品种花境类康乃馨因适合于布置花坛和进行盆栽而十分受欢迎。

● **栽培要点**

喜充足的光照和凉爽的气候。盛夏宜让其充分沐浴在阳光下。宜浅植在富含有机质、排水良好的土壤里。土壤里需先施石灰。

小而凛冽的花卉

石竹

别名：兴安石竹 / 秋播一年生草本 / **花期：**4~5 月 / **花色：**红、粉、白
高：10~20 厘米 / **播种：**9 月上、中旬（发芽适温：15~20℃）
栽种：10 月中、下旬（生长适温：10~20℃）
Dianthus chinensis / 石竹科

原产于中国，原为多年生草本，在日本多被归为一年生草本。叶子如康乃馨的叶子一样呈灰绿色，多为株高 10~20 厘米的矮生品种，除种植在花坛里之外，也适宜种植在花盆里。

● **栽培要点**

种子宜放置在淋不到雨、光照充足的地方，可进行条播。花坛里施充足的石灰，以中和土壤。但种在光照充足、排水良好的地方则不挑土壤。

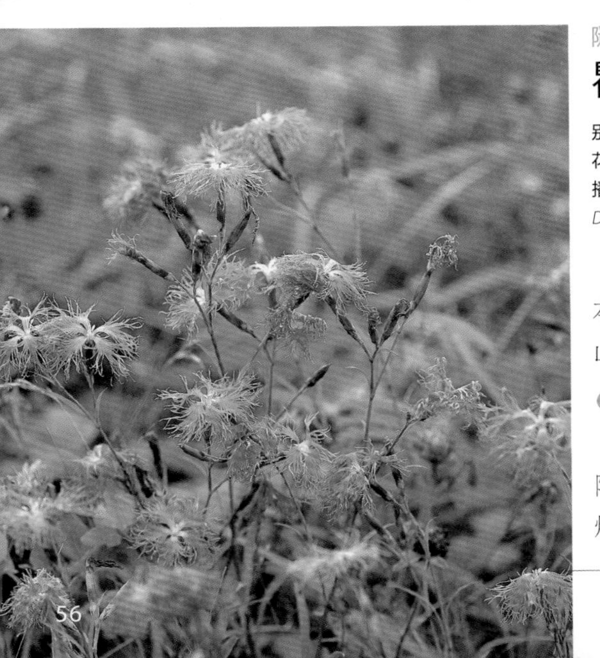

随风摇曳的纤细花朵

瞿麦

别名：大和抚子 / 耐寒性多年生草本 / **花期：**5~10 月
花色：桃、白 / **高：**30~80 厘米
播种：4 月 / **栽种：**4~5 月（生长适温：15~25℃）
Dianthus superbus / 石竹科

常见于日本北海道到九州的山野和河原地带的多年生草本。5 瓣花，花被片如顶端呈细丝状的银杏叶。近亲品种有高山瞿麦、伊势抚子、姬滨抚子、青森蝇子草等。

● **栽培要点**

可在春天进行播种或是定植。植株强健，不挑土。种在向阳处，土壤表面干燥时补充充足的水分。注意，夏天缺水会有烧叶现象。

砖瓦镶边的半圆形花坛上栽种有针叶树、圣诞玫瑰、勿忘草、野芝麻、百可花。加上粉色系的石竹和康乃馨，十分美丽优雅

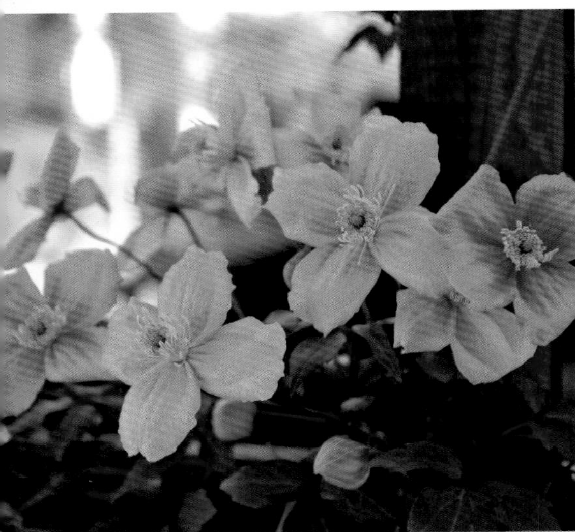

搭配拱形结构的动人花朵

绣球藤

别名：川木通 / 耐寒性、半耐寒性藤本 / **花期：**4~5 月
花色：白、粉、红 / **高：**2~5 米 / **栽种：**1~2 月（生长适温：15~20℃）
Clematis montana / 毛茛科

野生于中国西部到喜马拉雅的高山地带。朝上开出白色或粉色的可爱 4 瓣花。许多品种都带有花香，花朵直径为 3~5 厘米。老枝上带有许多花，缠绕在拱门或花架上起到装饰的作用。

●栽培要点

会在一年生的老枝上开出花朵，所以尽量不要修剪。细根扎根较浅，所以一旦种下植株后就要避免移植。夏天不耐闷热天气，不喜缺水，所以早晚都要浇透水。

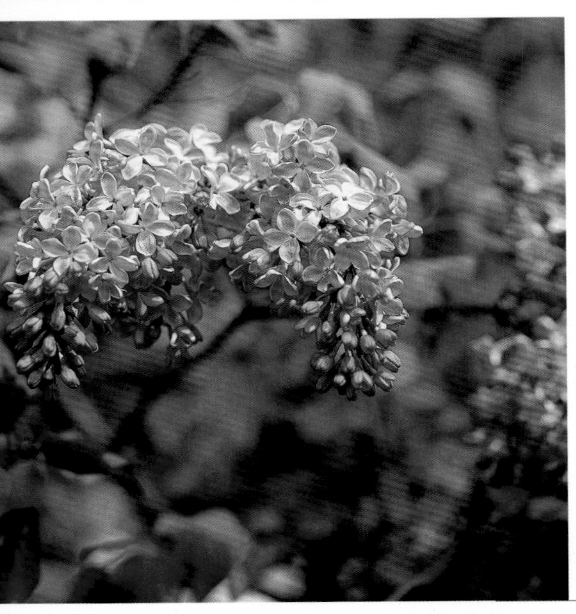

能做香水的香花

欧丁香

别名：紫丁香花、洋丁香 / 落叶灌木 / **花期：**4~5 月 / **花色：**白、紫、红、粉
高：2~3 米 / **栽种：**12 月 ~ 第二年 2 月（生长适温：15~20℃）
Syringa vulgaris / 木犀科

因丁香的名字深受人喜爱，是原产于欧洲的花卉。法语叫“Lilas”，英文叫“Lilac”。4~5 月开出的花朵散发出迷人的芳香，小花在枝的先端开放。有白、粉、深红等花色的品种，其中具有代表性的为开浅紫红色花的品种。

●栽培要点

宜在落叶期的 12 月 ~ 第二年 2 月栽种。宜选择光照充足、通风、排水良好、有肥沃的土壤的环境。花芽长在枝的顶部。冬天修剪前要确认枝的先端是否长有花芽，然后再将多余的枝叶修剪掉，以调整树形。

重瓣棣棠花

常见的野花

棣棠花

落叶灌木 / **花期：**4 月 / **花色：**白、黄 / **高：**1~2 米
栽种：2~3 月、11~12 月（生长适温：15~20℃）/ *Kerria japonica* / 蔷薇科

在日本叫作“山吹”，拥有美丽的花色，并有直接以该花的花色起名的颜色——山吹色，是从很久以前就备受人们欢迎的植物。非常强健，生长在各地的山野里。明黄色的花朵随着春风摇曳的姿态独具风情。重瓣品种重瓣棣棠花常用作篱笆。白花棣棠为变种。

●栽培要点

2~3 月、11~12 月适宜栽种。喜半日阴、富含腐殖质及湿度适宜的土壤。对生长开来的枝叶在 1~2 月进行修剪，4~5 年的老枝在开花后连根剪掉。

是最近铜叶里的高人气品种

蝴蝶戏珠花

别名：蝴蝶绣球 / 落叶灌木 / **花期：**5~6 月 / **花色：**白、粉 / **高：**2~3 米
栽种：3 月、11 月 / *Viburnum plicatum* / 五福花科（忍冬科）

初夏会开出与绣球花相似的白色绣球状的花朵，是粉团的园艺品种，常作为庭院树木。有粉花品种以及分别开出白花和粉花的“双子座”等品种。

●栽培要点

耐寒，不挑土，但是在光照充足、微湿的土壤环境下生长较好。修剪在 1~2 月的休眠期进行。剪掉老枝、枯枝可让新枝长出来。修剪时要注意花芽的位置，不要剪掉带花芽的部分，并注意剪的深度。

铜色叶子也很美的“双子座”

适合于欧式庭院的花木

大花四照花

别名：佛罗里达梾木 / 落叶中乔木 / **花期：**4~5 月 / **花色：**红、粉、白
高：3~8 米 / **栽种：**2 月下旬 ~3 月中旬、11 月中旬 ~12 月
Benthamidia florida / 山茱萸科

原产于北美洲，开花期在 4~5 月。作为日本送的樱花的回礼，美国华盛顿市将该植物送给日本。能看到像 4 片花瓣的是花苞，实际上花在中心部分，呈黄绿色。秋天结出深红的果实，红叶也很美丽。有斑叶品种，是耐病虫害很强的花木。

●栽培要点

宜在萌芽前的 2 月下旬 ~3 月中旬、落叶后的 11 月中旬 ~12 月栽种。喜在有光照、排水良好、富含腐殖质的地方生长。7 月左右，在短枝顶部会长出花芽。

像梅花般绽放的美丽花朵

松红梅

别名：澳洲茶 / 半耐寒性常绿小灌木 / **花期：**2~6 月、11~12 月
花色：深红、粉、白 / **高：**1~5 米 / **栽种：**3~5 月
Leptospermum scoparium / 桃金娘科

原产于大洋洲。叶子形如柽柳，圆圆的 5 瓣花如梅花，因此在日本称为“柽柳梅”。花色有深红、粉、白等颜色，有单瓣、重瓣、高生、矮生等许多园艺品种。

●栽培要点

宜放置在光照充足的地方。不喜多湿环境，所以在土壤表面稍干的情况下才浇水。枝叶过于繁茂混杂的话叶子容易枯萎，所以到秋天要定期修剪。寒冷地区宜放置在室内越冬。

适宜的花量和多彩的花色，装饰用途广的高山杜鹃

鲜艳的花朵簇拥开放

高山杜鹃

别名：映山红 / 常绿灌木
花期：4 月中旬~6 月
花色：红、粉、紫、白、黄、橙
高：1~3 米
栽种：3 月上旬 ~5 月上旬、9 月下旬 ~10 月下旬
Rhododendron / 杜鹃花科

学名为“*Rhododendron*”，有蔷薇和树木结合，开出蔷薇般的花朵的树木之意。分布于世界各地的品种有 500 多种，还有许多品种间进行人工杂交后的品种、日本野生的品种及其改良品种、华丽的西洋杜鹃等在市面上流通。

●栽培要点

可在春天和秋天栽种，但是最好在秋天栽种。在上午有光照的地方，施肥堆土将植株种在高位，1~2 月施油渣、骨粉等肥料。可通过摘芽增加枝叶数量。

山月桂

原产于北美洲的杜鹃花科植物。植株强健，可作为庭院树木在庭院栽培。

黄木香花

藤蔓长长伸展，是初春时节开花的蔷薇属植物。藤蔓没有刺。

木香花

常见的品种为黄木香花，也有开白花的木香花。能开出带有芳香味的花朵。

北美红花七叶树

原产于北美洲的七叶树。红花七叶树是其与原产于欧洲的欧洲七叶树的人工杂交品种。

日本吊钟花

开满白色小花的杜鹃花科小花木。秋天的红叶也很美。

布纹吊钟花

生长在山地等地的开红花的日本吊钟花。植株比日本吊钟花还要大。

杜鹃花

有许多品种，也常用作庭院树木，是高人气的花木。

木兰

欧美改良的木兰属植物。有白、粉、黄等许多花色品种。

苹果

为人所熟知的果树，花也很美。向上生长的芭蕾苹果是高人气品种。

刺槐

又名洋槐，是与金合欢完全不一样的品种。开出的白色、红色的花朵很美丽。

松田山梅花

白色动人的花朵十分美丽，是原产于日本的花木。也有西洋品种（见第 126 页）、重瓣品种。

墨西哥橘

芸香科的带香气的花木。又叫“Choisya”。常作为盆栽出售。

卡罗来纳茉莉

开出散发清爽香气的黄色花朵。为藤本花木。与茉莉不同属。

迷迭香

肉和鱼肉菜肴中不可或缺的草本调料。小灌木，匍匐生长。

美洲茶

开出蓝色花朵的美丽小型花木。原产于北美洲，又名加利福尼亚欧丁香。

黄芩

日本也有野生种的黄芩。分布于各地，也有其园艺品种。

龙面花

作为一年生草本的龙面花比宿根性种类（见第 41 页）的花更大更华丽。

大星芹

伞形科的小型多年生草本。多为白花品种，也有红花、粉花品种。

樱草

生长在河原等湿地的山野草。人们把人工培养的植株放到市场上贩卖。

樱茅

以前就已是高人气小球根，别名红金梅草。有白、粉、黄等花色。

球根鸢尾

鸢尾属的球根花卉，常见的为荷兰出产的荷兰鸢尾。

海滨蝇子草

开出花朵直径约为 2 厘米的小型花。日本称其为“布袋蝇子草”或叫“袋抚子”。

日本报春

生于山野间的报春花属植物。原种的花为粉色，也有白花、黄花品种。

紫点喜林草

喜林草（见第 38、39 页）的同属植物，花瓣先端带蓝紫色的点是该花的特征。

长管鸢尾

小型球根花卉。原产于南美洲，可播种种植，易栽培。

天芥菜

可制作香水的草本植物。不耐寒，所以冬天宜将盆栽放置在室内栽培。

常春藤风铃草

茎横向伸长，开出许多星形花朵的矮生品种风铃草。

脆叶风铃草

适合在吊篮里栽培的小型风铃草。园艺品种“六月铃”十分有人气。

翠珠花

原产于澳大利亚的伞形科植物，为秋播一年生草本。株高 60 厘米左右。

粉珠花

翠珠花的桃色品种，也叫粉阿米芹。大阿米芹是另一属的植物。

野草莓

接近野生品种的小型草莓。花朵美丽，强健，易栽培。

玉竹

日本野生的山野草，是带有美丽斑纹的品种，适合在日式风格的庭院里种植。

初夏之花 *Early Summer*

初夏之庭

庭院到了最华丽的季节，矮牵牛、苏丹凤仙花等多彩的花卉满园开放，风铃草、落新妇等多年生草本在园中比美。蔷薇和铁线莲起到了锦上添花的效果，庭院变得有趣起来，黄栌、刺槐等树木的叶子也十分美丽。

青木、番薯、针叶树等，以及在满是绿叶的美丽庭院里作为装饰的锦紫苏和矮牵牛、长春花吊篮

◀吊篮里的矮牵牛
▼碧冬茄

花园里不可或缺的花

矮牵牛

别名：撞羽朝颜 / 春播一年生草本或半耐寒性多年生草本
花期：6~10 月 / **花色**：红、粉、紫、白、复色等
高：30~50 厘米 / **播种**：4~6 月（发芽适温：25℃）
栽种：5~6 月（生长适温：20~25℃）
Petunia / 茄科

从初夏到秋天长期开花，可以种在方形花盆、吊篮里，是日本的花园里不可或缺的花卉。高人气品种碧冬茄被种植在花坛边缘处，形成比地面高的分界，枝条向外扩张，花朵垂下来很美丽。

●栽培要点

种于花坛时宜选在有光照和通风的地方。需盆栽时，用市场上的培养土与缓效性复合肥料混合的土壤来栽培。若播种，要播种到泥炭板上，不用覆土，发芽后光照，长出 6~7 片叶后定植。

像小型矮牵牛的花

小花矮牵牛

春播一年生草本或半耐寒性多年生草本 / **花期**：4~10 月
花色：红、粉、紫、黄、橙、白、复色 / **高**：30~50 厘米
播种：4~6 月（发芽适温：25℃）/ **栽种**：5~6 月（生长适温：20~25℃）
Calibrachoa / 茄科

舞春花属一年生草本或多年生草本，矮牵牛的近亲品种。原产地为南美洲，曾归为矮牵牛属。叶子小而细，有种小型矮牵牛的感觉。开花期长，有矮牵牛没有的黄、橙花色。

●栽培要点

宜在有光照、排水良好的地方种植。植株生长茂盛，开花多，所以不能缺肥。夏天会徒长，在下面的叶子枯萎前要修剪。定植之后摘心，可让植株繁茂生长。

单瓣、重瓣的矮牵牛和白色的天竺葵开出了许多花朵，前边的容器里马鞭草花开动人。与地栽的矮牵牛和翠雀搭配很协调

▲与六倍利混栽
◀和锦紫苏组合的花坛

活跃于半日阴庭院里的花卉

苏丹凤仙花

别名：非洲凤仙花
春播一年生草本或半耐寒性多年生草本 / **花期：**5~10 月
花色：红、粉、紫、黄、白、复色 / **高：**30~40 厘米
播种：3~5 月（发芽适温：25℃）
栽种：5~7 月（生长适温：15~25℃）
Impatiens walleriana / 凤仙花科

每天光照 2~3 小时就会开花，开花期长，常栽培于花坛和容器中。也适合种在吊篮里或与六倍利混栽。除了单瓣品种，重瓣品种也颇受欢迎。原为多年生草本，日本将其归为春播一年生草本。

●栽培要点

种子宜箱播，土壤用膨胀蛭石，不用覆土。在日本 5 月的节假日之后定植。育苗要避开西晒和干燥环境，盆栽时注意防止缺水，每 10~14 天施 1 次液肥。

开出大而鲜艳的花朵

新几内亚凤仙花

非耐寒性多年生草本 / 花期：4~11 月 / **花色**：红、粉、橙、黄、白
高：20~40 厘米 / **播种**：3~5 月（发芽适温：25℃）
栽种：6~7 月、10 月（生长适温：15~25℃）
Impatiens New Guinea Group / 凤仙花科

新几内亚凤仙花是新几内亚的原种经过改良后的品种，比苏丹凤仙花要大的多花性花卉，只需少许阳光就能开花，环境条件好可以全年开花。也有斑叶和铜叶品种，叶子也具有观赏价值。可露地栽培、盆栽，也可作为观叶植物观赏。也宜在一些光照不足的庭院栽培。有重瓣品种。

●栽培要点

不喜夏天高温和阳光直射，所以要放置在半日阴处或是用寒冷纱遮挡强光。土壤表面干燥时就要浇足水，每 10~14 天施 1 次液肥。冬天要让植株栽培的环境温度保持在 8℃以上。

新几内亚凤仙花与一点红相搭

刷子般的花朵，适合做成切花

一点红

别名：红头草、绒缨菊、绒缨花 / 春播一年生草本 / **花期**：5~9 月
花色：绯红、橙、黄 / **高**：50~60 厘米 / **播种**：4~6 月（发芽适温：20℃）
Emilia javanica / 菊科

原产于印度东部的一年生草本，花茎从叶间伸出，先端长有组成球状的管状花。从叶间开出的花华丽鲜艳，可在夏天用于布置花坛，但主要还是用作切花材料。原属于蟹甲草属，现属于一点红属。

●栽培要点

在不用担心霜冻的 4~6 月直接播种在花坛里。约 2 周后发芽，之后进行间苗，植株间距为 20 厘米。在有光照、排水良好、通风的地方种植，让植株保持在微干的状态是种植的诀窍。

▲浅蓝、紫、红紫色的六倍利和香雪球在吊篮里栽培

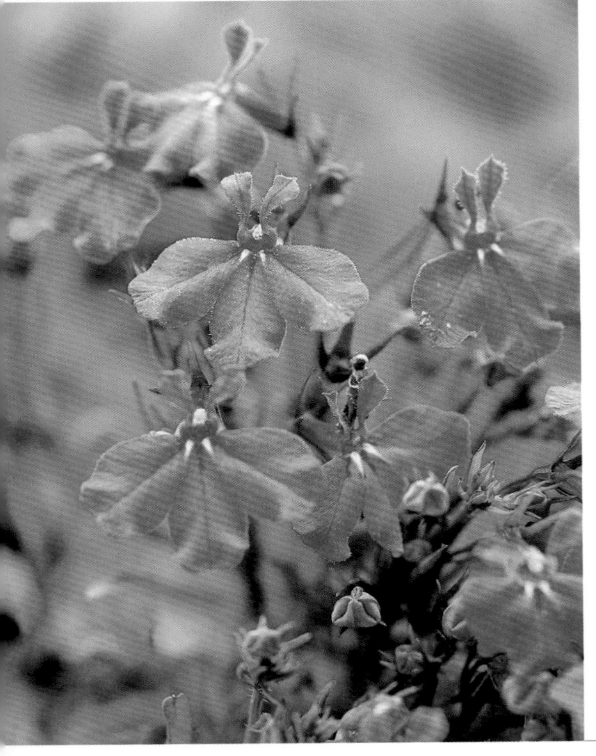

让人联想到北欧的蓝色的天空

六倍利

别名：翠蝶花、山梗菜 / 秋播一年生草本 / **花期：**5~6 月
花色：紫、蓝、白 / **高：**10~25 厘米
播种：10~11 月（发芽适温：15~20℃）/ **栽种：**4 月（生长适温：15~20℃）
Lobelia erinus / 桔梗科

该花指原产于南非的六倍利及其相关的园艺品种，直径在 1.5 厘米左右的蓝色、紫色小花在植株的一侧开放。高生品种的花朵呈球状繁茂开放；矮生品种在平底花盆里种植，看起来楚楚动人。下垂的品种适合在吊盆、吊篮中种植，十分华美。

●栽培要点

将种子播种到泥炭板或是排水良好的土壤中。不用覆土，让其从盆底吸水，用支架保护。发芽后进行几次间苗。在长出 2~4 片真叶的时候间隔 2~3 厘米进行定植，2~3 月移植到花盆里。

有着醒目的鲜艳花色

琉璃繁缕

耐寒性多年生草本 / **花期**：4~6 月 / **花色**：蓝、橙 / **高**：20~50 厘米
播种：9 月 ~10 月上旬（发芽适温：20~25℃）/ **栽种**：3~4 月
Anagallis monellii / 报春花科

原产于葡萄牙、西班牙，生长能力强，横向生长。花朵直径为 1 厘米左右，开花多，会一朵接一朵地开，花期也比较长。白天花会开放，晚上会闭合。

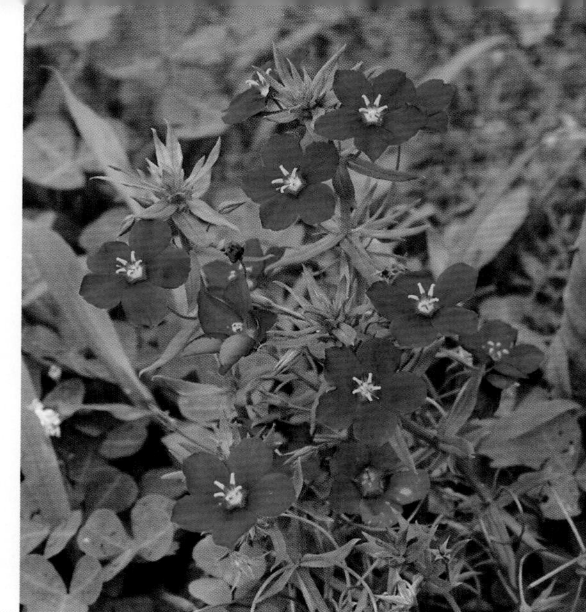

●栽培要点

喜在有光照、排水良好的地方生长。不喜酸性土壤，所以种植之前要用苦土石灰中和。初春有苗株上市，所以一般在春天栽种。耐寒，所以只要能度过夏天，也能在秋天栽种。

适合点缀花坛边缘的花卉

血红老鹳草

别名：西洋风露草 / 耐寒性多年生草本 / **花期**：6~8 月
花色：白、粉、紫 / **高**：10~50 厘米 / **播种**：5~6 月（发芽适温：15~20℃）
栽种：3~4 月、10~11 月（生长适温：15~20℃）
Geranium sanguineum / 牻牛儿苗科

原产于欧洲、土耳其北部地区，是结实、易生长的花卉。植株不高，稍微横向繁茂生长，因而适合布置在花坛边缘或是作为地被植物。矮生品种能开出许多深粉色的花朵，如“迈克斯·福雷”等园艺品种也常出现在市面上。

老鹳草“约翰逊蓝”和三色堇

●栽培要点

在 3~4 月或 10~11 月栽种，宜选择有光照、排水良好的地方。不喜闷热天气，所以需修剪，将交错在一起的枝叶间隔开，让枝叶之间保持通风良好是栽培要点。

种植在庭院里的双色老鹳草

常见于英式庭院的花卉

洋地黄

别名：毛地黄 / 春播二年生草本或耐寒性多年生草本
花期：5~7 月 / **花色**：红、紫红、粉、白
高：100~150 厘米
播种：5~6 月、9 月（发芽适温：15℃）
栽种：9~11 月（生长适温：15~20℃）
Digitalis / 车前科（玄参科）

分布在欧洲至亚洲西部地区，可用于布置花坛或盆栽。初夏，伸长的茎部先端有铃铛状的花朵向下开放。英文名为“Fox glove（狐狸手套）”的品种，花如手套的指部，是英式庭院不可或缺的华丽大花，与蔷薇和铁线莲也很搭。

●栽培要点

植株强健，宜在半日阴的地方栽培。喜微干、排水良好的土壤。将种子种在花盆或育苗箱里，当长出 3~4 片真叶后可进行定植。秋天种植盆苗的话，第二年就能看到花开。开花后留下叶子，剪掉花茎，不久后又能再次开花。

藤本月季垂吊下来，许多宿根草在庭院里开花。植株高并带有大花穗的洋地黄以其独特的形态让庭院变得眼前一亮

▲开黄色小花的品种

◀ ▶ ▼各色园艺品种

罗素鲁冰花

黄花羽扇豆

长条形花穗一齐绽放的蝶形花

鲁冰花

别名：羽扇豆、多叶羽扇豆
耐寒性多年生草本或春播一、二年生草本
花期：4~6 月 / **花色**：粉、橙、黄、紫、蓝、白
高：60~150 厘米
播种：6~9 月（发芽适温：15~20℃）
栽种：9~10 月（生长适温：15~20℃）/ *Lupinus* / 豆科

长得像蝴蝶的花朵直立于花穗上，花量多，非常美丽。群植后十分漂亮，可布置于花坛的中心或作为背景，也适合与其他的多年生草本混栽。有大型宿根花卉罗素鲁冰花、原产于南欧的一年生草本黄花羽扇豆等品种。

●栽培要点

喜光照充足、排水良好、用苦土石灰中和过的土壤。一年生的品种因为有直根性，所以不宜移植。可以在花坛直接播种，或是在 1 个花盆里放 2~3 粒种子进行栽培。

白萼倒挂金钟

皇家天鹅绒

推荐使用吊盆栽培

垂吊的花朵如跳舞的少女一般

倒挂金钟

别名：吊钟海棠 / 半耐寒性常绿亚灌木或灌木 / **花期**：5~7 月 / **花色**：红、粉、紫、白
高：20~100 厘米 / **栽种**：3 月下旬 ~4 月上旬（生长适温：15~20℃）
Fuchsia hybrida / 柳叶菜科

花萼像反翘花瓣，花瓣朝下，长长的雄蕊从中突出，花形犹如女王的耳坠，近年来该花的盆花非常受欢迎。因为它垂直生长，所以适合在容器里种植成大株，在吊篮里栽培也很适合。

●栽培要点

3 月下旬购买盆栽，5 月中旬以后在户外栽培，之前都在室内栽培。1 个月施 1 次固体肥料。植株干燥时要浇足水。冬天让植株所在环境温度保持在 5℃以上，春天换地方栽培。

可药用

宿根亚麻

别名：蓝亚麻 / 耐寒性多年生草本 / **花期**：5~6 月
花色：蓝紫、白 / **高**：30~60 厘米 / **播种**：5~6 月（发芽适温：15~20℃）
Linum perenne / 亚麻科

原产于欧洲的多年生草本。开出直径在 3 厘米左右、呈漏斗状的美丽花朵。开花多，除了种在花坛、花盆里进行观赏外，还能药用。熟了的种子也能用作洗浴剂，可以让肌肤变得柔滑。

●栽培要点

一般直接播种至花坛或方形花盆里。在半日阴的环境下也能生长，但是在向阳处能开出更多的花。因为是多年生草本，所以 10 月可通过分株进行繁殖，不喜移植。

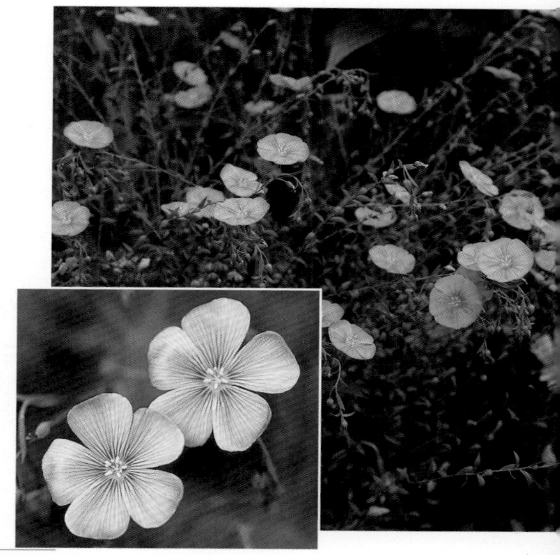

植株强健，易栽培

美丽月见草

别名：待霄草 / 耐寒性多年生草本 / **花期**：5~7 月
花色：粉、白 / **高**：30~40 厘米 / **栽种**：3 月、10 月（生长适温：15~25℃）
Oenothera speciosa / 柳叶菜科

月见草属植物基本上都是晚上开花，但美丽月见草白天开花，美丽的粉色花朵覆盖整个植株，展现美丽的姿态。种植在庭院或花盆里，基本上不需太费工夫也能很好地生长，是强健的花卉。

●栽培要点

春秋时节购苗后进行栽种。若光照、排水良好，则不挑土质。栽种前在每平方米的土壤里施 20 克的复合肥料，植株间距为 30 厘米。栽种后就可放任其生长，每年都会开花。秋天进行分株移植。

适合作为地被植物的蓝紫色花朵

紫扇花

半耐寒性多年生草本 / **花期**：5~11 月
花色：紫 / **高**：约 40 厘米 / **栽种**：4~5 月（生长适温：15℃）
Scaevola aemula / 草海桐科

匍匐性的多年生草本，开出像紫色扇子一样的花朵，因此叫作紫扇花。匍匐茎攀缘生长，最适合作为地被植物。此外，也可在吊盆和吊篮中栽培。

●栽培要点

喜光照充足、排水良好的肥沃土壤。春天购买盆苗，间隔 30 厘米种植。刚开始的时候要摘心以促使分枝，让花朵更好地长出来。喜微寒，但是当温度低至 2~3℃的时候要将其放置在屋檐下越冬。

▲“安娜贝尔”

▼“烟花”

梅雨季节的天空下簇拥开放的花朵

绣球花

落叶灌木 / **花期**：6~7 月 / **花色**：蓝、紫、粉、白

高：1~2 米 / **栽种**：11 月、3 月（生长适温：15~25℃）

Hydrangea / 绣球科（虎耳草科）

绣球花是在《万叶集》中也有咏颂的日本固有植物，在欧洲通过育种改良后，以华美的西洋绣球花身份重新回到了日本。最近比较受欢迎的有带有褶边及镶边的品种、美国的开白花的“安娜贝尔”和圆锥绣球类等具有较高观赏价值的品种。

●栽培要点

根据土壤酸度的不同，花色会有所变化。想要让其开蓝色花朵，则宜用泥炭土或鹿沼土；想要开粉色花朵，则用腐殖土或加入草木灰。若开花后枝干修剪过深，则第二年难以开花，这点要注意。

形如槲树叶的叶子和星形的花朵

栎叶绣球

落叶灌木 / **花期**：5 月中旬 ~7 月 / **花色**：白 / **高**：1~2 米

栽种：2~4 月（生长适温：15~25℃）

Hydrangea quercifolia / 绣球科（虎耳草科）

原产于北美洲南部。株高 1~2 米，叶子形如槲树的叶子，呈鹅卵形，5 浅裂。圆锥花序，长 15~25 厘米。分装饰花和两性花，装饰花朵为白色，有单瓣及重瓣品种。秋天叶变红。

●栽培要点

宜选择在水多、能避开寒风的地方栽种。开花后从新芽上切掉花簇。旧枝上会有花芽长出，所以基本不用修剪。

蓝色的绣球花在凉爽的庭院里传递
着初夏到来的讯息。深粉色的毛剪
秋罗为院里增添了一抹亮色

大花蔷薇与作为地被植物广泛种植的洋甘菊

泡水喝有提神效果

洋甘菊

别名：罗马洋甘菊 / 耐寒性多年生草本 / **花期**：7~9 月
花色：白 / **高**：30~40 厘米 / **播种**：9 月（发芽适温：15~20℃）
栽种：3 月（生长适温：15~20℃）
Matricaria chamomilla（母菊）、
Chamaemelum nobile（果香菊）/ 菊科

有着细小如羽毛般的叶子，并且会散发花香。也可作为地被植物。用新鲜叶子或干燥处理过的叶子泡的洋甘菊茶，有镇静作用，对缓解失眠、焦躁有一定效果。此外，据说将整个植株切碎制成沐浴露能治疗寒症。

●栽培要点

9 月进行箱播，为了不让其徒长，将植株放置在有光照的地方栽培。3 月定植，若要栽培成草坪状的话，需要仔细清除杂草，开花前摘去花朵能够让其开得更好。

颜色各异的清爽花卉

蓝盆花

别名：松虫草 / 一、二年生草本或多年生草本 / **花期**：6~10 月
花色：红、粉、紫、蓝、白 / **高**：30~100 厘米
播种（一、二年生草本的情况下）：10 月、3 月（发芽适温：15℃）
栽种：3 月（生长适温：15~20℃）/ *Scabiosa* / 忍冬科（川续断科）

川续断科植物，用于布置花坛的是原产于欧洲的紫盆花。从初夏到秋天，开出深红色、粉色、深蓝色的直径为 5 厘米的花朵。此外，为多年生品种的高加索蓝盆花也常在市面上流通。

●栽培要点

一、二年生品种，宜在秋天或初春时期播种。多年生品种，应每 2~4 年在春天进行分株移植。原产于欧洲的品种不喜酸性土壤，所以土壤一定要施石灰进行中和。

►紫盆花
▼高加索蓝盆花

野生于草原的山野草

日本蓝盆花

秋播或春播二年生草本 / **花期**：6~10 月 / **花色**：蓝紫
高：30~100 厘米 / **播种**：10 月、3 月（发芽适温：15℃）
Scabiosa japonica / 忍冬科（川续断科）

野生于山地中光照充足的草原上，为二年生草本，到了松虫鸣叫的时期，就会在植株的一侧开出花朵，所以又得名“日本松虫草”。有高山型的高岭松虫草、海岸型的矶驯松虫草等品种。

●栽培要点

喜较冷凉的气候，在光照充足、排水良好的地方进行栽培。光照不足时，需要将植株间距加大一些让其生长。注意不要浇水过量。通过播种和分株进行繁殖。

高岭松虫草

原产于欧洲的川续断科植物

马其顿川续断

别名：中欧孀草 / 耐寒性多年生草本 / **花期**：6~10 月 / **花色**：粉、红、紫红
高：40~100 厘米 / **栽种**：10 月、3 月（生长适温：15~25℃）
Knautia macedonica / 忍冬科（川续断科）

原产于地中海沿岸地区的多年生草本，花茎有分枝，花色为红色，直径约为 3 厘米。常被认为是小型松虫草，能开出可爱的花朵。园艺品种有开粉色、紫红色花等多种。“矮火星”的花色为红宝石色，是植株较小的改良品种。

●栽培要点

耐热耐寒的强健花卉，光照充足的时候种植能够促使其茁壮成长。在温暖的地区，到冬天会继续开花。等到初春的时候株高变矮，开花很多。

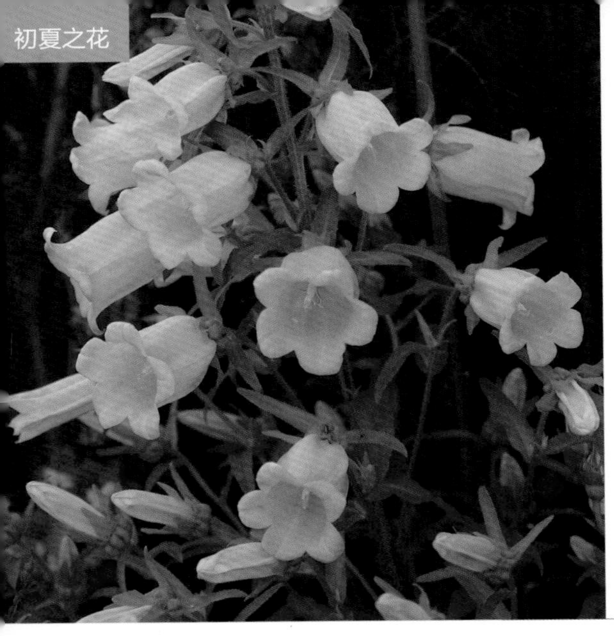

穗状花序，成群绽放的钟形花

风铃草

别名：钟花、瓦筒花 / 春播二年生草本 / **花期**：4~6 月
花色：紫、粉、白等 / **高**：60~100 厘米 / **播种**：5~6 月（发芽适温：15~20℃）
栽种：10 月上旬（生长适温：15~20℃）/ *Campanula medium*/ 桔梗科

分布在北半球温带北部地区，是风铃草属植物的代表品种，为二年生草本。株高 1 米左右，开出形如大吊钟的柔和花朵。花色有深紫、蓝紫、粉、白等，也有重瓣的园艺品种。此外，还被广泛用作切花。

●**栽培要点**

5~6 月播种，长出 2~3 片真叶的时候假植，长出 5~6 片真叶后在 10 月上旬左右进行定植。这时将有机肥料用作基肥，第二年春天再施 1 次追肥。

似桔梗的吊钟形花卉

桃叶风铃草

别名：坚桃叶柃风铃草 / 耐寒性多年生草本 / **花期**：5~7 月 / **花色**：浅紫、白
高：50~100 厘米 / **播种**：5~6 月（发芽适温：15~20℃）
栽种：3~4 月、9~11 月（生长适温：15~20℃）/ *Campanula persicifolia* / 桔梗科

株高 50~100 厘米的多年生草本，吊钟形的花朵很像桔梗的花朵，花色为浅紫或白。高生品种可种植在花境等处。从初夏开始为夏天的庭院增添清爽的色彩。

●**栽培要点**

在温暖地带，5~6 月播种、栽培，第二年就能开花。宜在有光照、排水良好、夏天有日阴的地方栽培。不喜高温多湿的气候，所以在秋天或春天定植，夏天让其保持凉爽的状态越夏。植株长大后，在秋天移植。

适合做成切花的深紫色花卉

聚花风铃草

别名：北疆风铃草 / 耐寒性多年生草本 / **花期**：5~7 月
花色：深紫、白 / **高**：40~80 厘米 / **栽种**：3 月、9~10 月（生长适温：15~20℃）
Campanula glomerata / 桔梗科

原产于东亚的多年生草本，株高 40~80 厘米。是风铃草属植物中少见的茎不分枝类型，花齐聚在茎顶及叶腋处，呈总状花序。开与龙胆颇为相似的深紫色花朵。常用作切花。

●**栽培要点**

市面上的为耐暑性强、分株即可简单繁殖的品种，但是其喜凉爽、干燥的气候。多年生品种以在 3 月和 9~10 月栽种、分株为宜，夏天让其保持凉爽的状态。到秋天之前要好好培育，植株根部会在第二年长出花芽。

风铃草花丛与周围簇拥着的有柔和深蓝花色的翠雀

适宜布置在花境的星形花朵

牧根风铃草

耐寒性多年生草本 / **花期**：6~8 月 / **花色**：蓝紫、白、粉

高：60~100 厘米 / **播种**：2~6 月、9~10 月（发芽适温：15~20℃）

栽种：4~5 月（生长适温：20~25℃）

Campanula rapunculoides / 桔梗科

星形花朵簇拥开放。在不耐热的风铃草中比较耐热，强健、生长茂盛，能为花境增添一抹亮丽色彩。株高约 1 米，可做成切花。

●栽培要点

将种子播种到花盆等容器里，不用覆土，放置在明亮的地方，到发芽之前都保持湿润的状态。在 1~3 月以恰当的间距间苗，苗变大之后移到向阳或半日阴、有水分、排水良好的地方定植。

牧根风铃草

带有清凉感的星形花卉

宿根风铃草“阿尔卑斯蓝”

春播一、二年生草本或多年生草本 / 花期：5~7 月 / **花色：**蓝紫
高：10~25 厘米 / **播种：**4 月 ~6 月上旬（发芽适温：15~20℃）
栽种：9~10 月（生长适温：15~20℃）
Campanula‘Alpen Blue’/ 桔梗科

植株矮，适合用作地被植物或盆栽植物，为风铃草的矮生品种。欧洲原产的巴夏风铃草的园艺品种会开出许多蓝紫色的星形花朵。花茎从分枝中长出，种在吊篮里有观赏价值。也适宜种在花坛边缘。

●栽培要点

春天购买花盆和盆苗，移植到排水良好的土壤里。放置在光照充足、通风良好的地方，施有机肥料，注意不要让它长期淋雨。用作地被植物时要在排水良好的地方种植。

◀长满石堆花坛的“阿尔卑斯蓝”

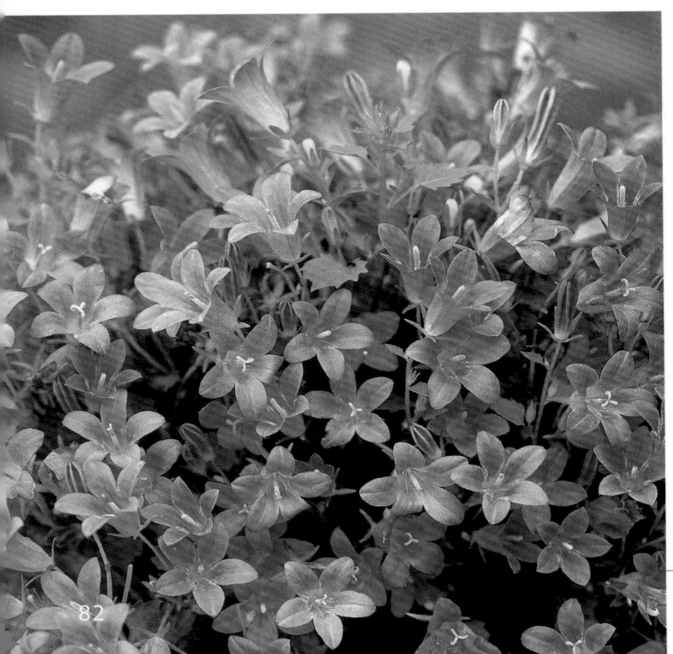

轻轻绽放的“小吊钟”

波旦风铃草

别名：波旦吊钟花 / **耐寒性多年生草本 / 花期：**5~7 月 / **花色：**紫、蓝、白
高：10~25 厘米 / **播种：**4 月 ~6 月上旬（发芽适温：15~20℃）
栽种：9~10 月（生长适温：15~20℃）
Campanula portenschlagiana / 桔梗科

原产于巴尔干半岛北部。风铃草的一种，开出蓝紫色的花朵。不论装饰日式还是欧式风格的庭院都很协调，种在小容器里显得格外秀丽。宜种在排水良好的地方，适合种植在岩石花园里。

●栽培要点

不喜干燥、多湿的环境，宜种在排水良好的土壤里。要勤摘残花。喜光照，但夏天植物蒸腾作用过强，要把盆栽移至凉爽的半日阴处。秋天进行分株繁殖。

植株强健、繁殖能力强

地黄

别名：生地 / 耐寒性多年生草本 / **花期**：5~8 月 / **花色**：红、黄
高：30~50 厘米 / **播种**：6 月（发芽适温：15~20℃）
Rehmannia / 车前科（玄参科）

原产于中国的多年生草本，其根部在中医上也被称为地黄，可药用。花为筒形的唇形花，上唇 2 裂，较大的下唇为 3 裂，呈现美丽的姿态。有开红花的高地黄等品种，可种植在花坛、花盆里进行观赏。

●栽培要点

喜半日阴的环境及排水良好、富含腐殖质的土壤。盆土为鹿沼土、川砂、腐殖土混合制成的土壤。地黄耐寒性强，能简单越冬。通过扦插、分株进行繁殖。

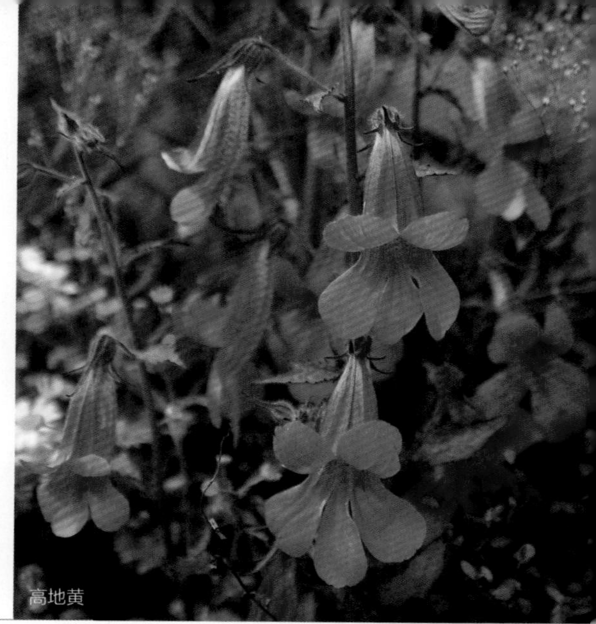

高地黄

花色丰富，适合栽种在花坛里

象牙红

别名：钓钟柳 / 耐寒性多年生草本 / **花期**：6~9 月 / **花色**：红、蓝、粉、白
高：50~80 厘米 / **播种**：3~6 月（发芽适温：15~20℃）
栽种：9~10 月（生长适温：15~25℃）/ *Penstemon* / 车前科（玄参科）

野生于北美洲、东亚的多年生草本，约 250 个品种。花色丰富，常用于布置花坛、切花、盆花。用于布置花坛的多为大花的象牙红的杂交种，切花常用小花且具多花性或是与之相近的品种。

●栽培要点

忌夏天高温多湿的气候，适合布置在花境里。春天到初夏播种，秋天每株间隔 25 厘米进行移栽。易插芽、实生，因此可每年更新植株。

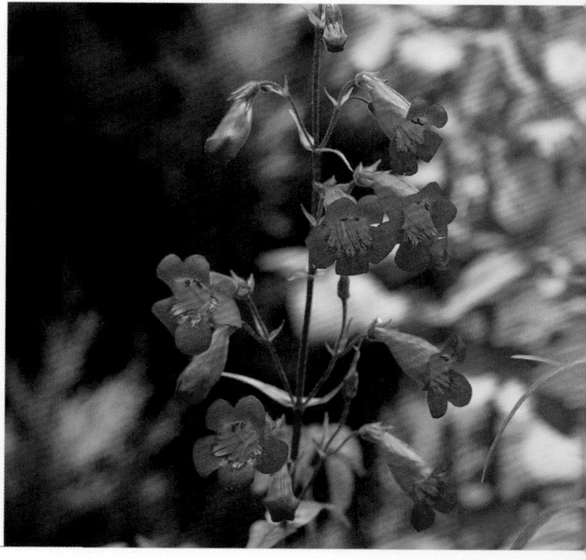

花色丰富的盆花

海角苣苔

别名：海角樱草 / 非耐寒性多年生草本 / **花期**：4~8 月 / **花色**：紫、蓝、桃、白等
高：10~20 厘米 / **播种**：9~10 月（发芽适温：15~20℃）
Streptocarpus / 苦苣苔科

原产于南非的多年生草本。熟知的原生品种就有 132 个。其园艺品种的叶子呈莲座丛叶状，从植株基部生长出花茎，长出几朵横向开放的管状花朵。花色有紫、蓝、桃、白等，十分丰富，但是没有花香。

●栽培要点

夏天要遮掉 40%~50% 的阳光，冬天放置在温度为 15~20℃并有微弱的阳光照耀的室内。12℃以上能开花，如能控制好浇水量，5℃左右也能越冬。种子播种到泥炭板等土壤里。

▲大花园艺品种“薄荷蓝”

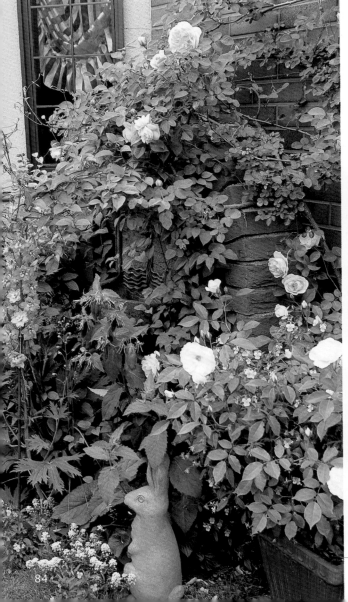

在清爽初夏的天空下美丽绽放

翠雀

别名：大飞燕草 / 耐寒性多年生草本 / **花期：**6~8 月
花色：粉、黄、紫、蓝、白 / **高：**30~100 厘米
播种：9 月下旬 ~10 月上旬（发芽适温：15℃）
栽种：3~4 月（生长适温：15~20℃）
Delphinium / 毛茛科

原产于欧洲的多年生草本，明蓝的花色可爱动人，在英国夏天的花坛里是主角，也是高人气的鲜花素材，矮生品种除了盆栽外，可栽种在大型的容器里，也适合与其他植物一同混栽，让花友们享受到其中的园艺乐趣。

●栽培要点

秋天播种，冬天要做好防风挡雨的工作，放置在屋檐下栽培。也可以在 3~4 月购买苗株后移植在花坛里。将堆肥、复合肥料作为基肥适量施入并深耕。植株间隔 30~40 厘米，铺上稻草避免霜冻。4~5 月在四周围上 3 个支架。不喜高温多湿的气候，在日本关东以西难度过夏天，所以可把该植株当作一年生草本来栽培。

◀与蔷薇相搭配的蓝色花朵

▼重瓣园艺品种“薰衣草紫”

宿根紫柳穿鱼和大花飞燕草
“本土天蓝”

铁线莲缠绕的拱形藤架周边有许多飞燕草和翠雀

飞燕草

“合唱蔷薇”

“紫色合唱”

在混栽中华丽亮相

飞燕草

别名：千鸟草 / 秋播一年生草本 / **花期：**5~6 月 / **花色：**红、蓝、紫、浅紫、粉、白
高：30~90 厘米 / **播种：**9 月中旬 ~10 月中旬（发芽适温：13~15℃）
Consolida / 毛茛科

原产于欧洲南部。花朵直径为 3~4 厘米，总状花序，花姿美丽。园艺品种有开重瓣花的三大花系列和白底紫边的“冷蓝”等品种。可用于布置花坛和切花。

●栽培要点

宜种在有光照、排水良好的地方，播种前施入干燥的牛粪、石灰。不喜移植，所以直接播种时要间隔 1.5 厘米播 3~4 粒种子，长出 2~4 片真叶的时候立 1 根支柱。4~5 月用支柱支撑。

适合种植在冷凉地的花境里

西达葵

别名：迷你蜀葵 / 耐寒性多年生草本 / **花期**：6~7 月 / **花色**：红、粉、白
高：60~100 厘米 / **栽种**：10~11 月、3~4 月（生长适温：15~20℃）
Sidalcea / 锦葵科

像小型蜀葵的花卉，原产于北美洲，花朵直径为 3~5 厘米，花朵通透美丽。主要为在欧洲育种、改良后的品种，常用作切花材料或布置花坛。花期主要在 6~7 月，像日本北海道这样的寒冷地区则在 8~9 月持续开花。

●栽培要点

喜冷凉气候。宜在有光照、排水和通风良好、微干的地方栽种。为了不让地面温度上升，可以使用覆盖栽培法。夏天基本上处于休眠状态，所以一般秋天播种，春天进行分株。

"小公主"

明蓝色的美丽花朵

蓝雏菊

别名：蓝费利菊 / 半耐寒性多年生草本 / **花期**：4~6 月 / **花色**：明蓝
高：20~40 厘米 / **栽种**：6 月、10 月（生长适温：15~22℃）/ *Felicia amelloides* / 菊科

原产于南非，在当地可长成株高 1 米的常绿灌木，但是在日本被归为多年生草本。花朵直径为 4 厘米左右，澄澈的蓝色和中心的黄色形成鲜明对比，使得花朵格外美丽，深受人们喜爱。常用于布置花坛、盆栽或用作切花。

●栽培要点

尽管耐寒性较弱，但是比较强健，是容易栽培的花卉。宜在有光照、通风良好的地方种植。10 月修剪长出 4~5 片叶的枝干先端，进行插芽。盆栽的话，夏天宜在半日阴的地方，冬天在室内做好保护。

▶斑叶的蓝雏菊
▼白花品种

清新的蓝紫色，如星星般的花卉

流星花

别名：长星花 / 春播一年生草本或半耐寒性多年生草本 / **花期**：4~6 月
花色：紫、粉、白 / **高**：20~30 厘米 / **花期**：5~11 月 / **播种**：3~4 月
Laurentia axillaris / 桔梗科

一般种在容器里也能繁茂生长，透出一种清凉的美感，让园艺人享受到赏花的乐趣。也可以栽培在吊篮里，一样美丽。剪掉茎干会流出白色的汁液，具有毒性。园艺上将其归为一年生草本，原为多年生草本，所以在温暖地区放置在避风的地方也能越冬。

●栽培要点

宜种在有光照、排水良好的地方。不要让土壤过湿，土壤表面干燥时再浇足水。要勤摘残花，开花后修剪掉植株枝干的一半左右并移植，能再次开花。

▲白花岩蔷薇
►克里特岩蔷薇

▼庭院里的草堆小丘上混栽有百瑞木和蔷薇

可制作精油

百瑞木

别名：岩玫瑰、午时葵、岩蔷薇 / 常绿灌木
花期：5~7 月 / **花色**：粉、紫、白 / **高**：50~120 厘米
栽种：3~4 月（生长适温：15~20℃）
Cistus / 半日花科

原产于地中海沿岸地区，以英文名“Rock-rose（岩蔷薇）”而广为人知，是在欧美流行的花卉。常种植在庭院中。1 朵花会在 1 天内花开花谢，但是会接连不断地开出新花。茎叶柔软，被白毛。可用枝叶制作精油。

●栽培要点

宜种在光照充足、干燥的场所。在贫瘠的土壤里也能很好地生长，喜弱碱性土壤。不喜梅雨季到夏天高温多湿的气候，所以宜在雨淋不到、通风良好的地方栽培。

最宜在花坛和方形花盆里栽培的花卉

藿香蓟

别名：胜红蓟 / 春播一年生草本 / **花期**：6~10 月 / **花色**：蓝紫、紫、粉、白
高：20~60 厘米 / **播种**：3 月下旬 ~4 月（发芽适温：18~22℃）
栽种：5 月中旬 ~6 月上旬（生长适温：15~25℃）/ *Ageratum* / 菊科

原产于墨西哥、秘鲁，在当地是一年生草本、多年生草本或亚灌木，园艺上按照春播一年生草本栽培。有株高 20 厘米的矮生品种，50~60 厘米的高生品种等。像丝线一样的花蕊集聚在一起，花朵争先开放，可从春天到秋天享受到赏花的乐趣。

●栽培要点

播种到育苗箱，当长出 4 片真叶的时候移到花盆里，间隔 20 厘米进行定植。如果有光照、土壤排水良好，则不挑土质。要往土里加入充足的堆肥并控制好追肥的量，这是栽培要点。

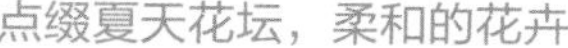

点缀夏天花坛，柔和的花卉

夏槿

别名：花瓜草、蝴蝶草 / 春播一年生草本 / **花期**：5~10 月 / **花色**：粉、黄、紫、蓝、白
高：20~30 厘米 / **播种**：5~6 月（发芽适温：20~25℃）
栽种：6~7 月（生长适温：15~25℃）/ *Torenia fournieri* / 母草科（玄参科）

原产于印度尼西亚的一年生草本，花朵直径为 3 厘米左右，从初夏到秋天接连开放。皇冠系列、熊猫系列等品种适合种植在花坛、花盆里，蓝花的品种较多也是该花的一大特征。另外，具有匍匐性的“夏浪”最适合在吊盆里栽培或是作为地被植物。

●栽培要点

气温低则生长发育不良，所以在 5 月后进行播种。长出 4~5 片真叶的时候，要做摘心处理，以便主茎上不带有花蕾。此外，育苗的时候不要让土壤缺肥，可以施稀释过的液肥。

都市里的摩登花姿

烟草

别名：烟叶 / 春播一年生草本 / **花期**：7~9 月 / **花色**：红、粉、白
高：30~80 厘米 / **播种**：3 月下旬 ~4 月上旬（发芽适温：20~25℃）
栽种：5 月（生长适温：15~25℃）
Nicotiana / 茄科

长筒状的独特花形，十分夺目。若为专卖的烟草，则被禁止栽培和繁殖。现在在市面上销售的是以原产于南美洲的花烟草为基础进行杂交改良，培育出的开花期长的品种。

●栽培要点

因为种子很小，土壤里要混入蛭石，无须覆土。10℃以下不能生长发育，所以要放置在向阳处，宜种在花坛、方形花盆里，挑选有带色花蕾的品种进行栽培。

◀▲“巨型麦卡纳”
▼“小柑橘”

时尚的花形，热门的多年生草本

欧耧斗菜

别名：猫爪花 / 耐寒性多年生草本 / **花期：**5~6 月
花色：红、粉、橙、黄、紫、蓝、白 / **高：**60~90 厘米
播种：5~6 月（发芽适温：10~15℃）/ **栽种：**10 月（生长适温：10~20℃）
Aquilegia / 毛茛科

欧耧斗菜原产于欧洲，植株高，开出紫、白、粉等花色的花朵，适合用于布置花坛。北美洲原产的几个品种在杂交后培育出的大花多花希毕丽达系列品种，花色丰富，广泛用于布置花坛，用作切花、盆栽等。

●栽培要点

夏天放置在凉爽的地方度夏，秋天变凉爽后移植。宜种在光照充足、排水良好的地方。土壤表面干燥后浇足水。酷暑时期最好放置在稍微有日阴的地方。

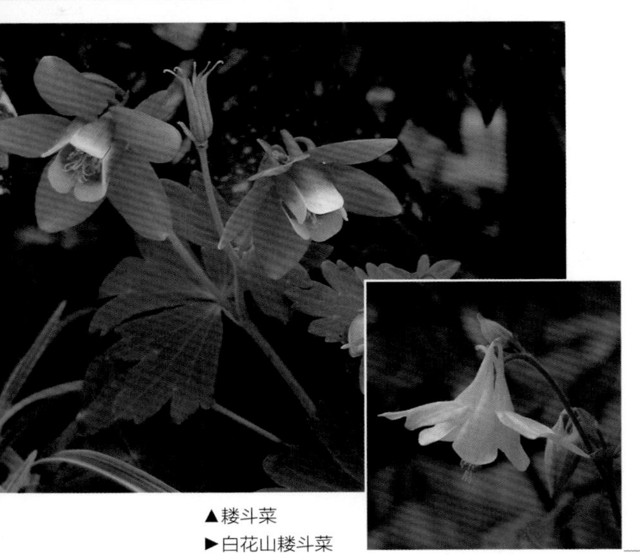

▲耧斗菜
▶白花山耧斗菜

楚楚动人的野草

耧斗菜

别名：猫爪花 / 耐寒性多年生草本 / **花期：**5~6 月 / **花色：**红、粉、橙、黄、紫、蓝、白 / **高：**10~90 厘米 / **播种：**5~6 月（发芽适温：10~15℃）
栽种：10 月（生长适温：10~20℃）/ *Aquilegia* / 毛茛科

野生于日本山野的耐寒性多年生草本。5~6 月中心部分开花，冬天地上部分枯萎，靠根株越冬。除从前就受人喜爱的耧斗菜品种外，还有高山性的株高较矮的长白耧斗菜，适合在树荫下或在花盆里栽种。

●栽培要点

分株难，植株较弱，所以一般用实生苗栽培。5~6 月播种，长出 3 片真叶的时候移植到花盆里。秋天也可以享受地栽的乐趣。

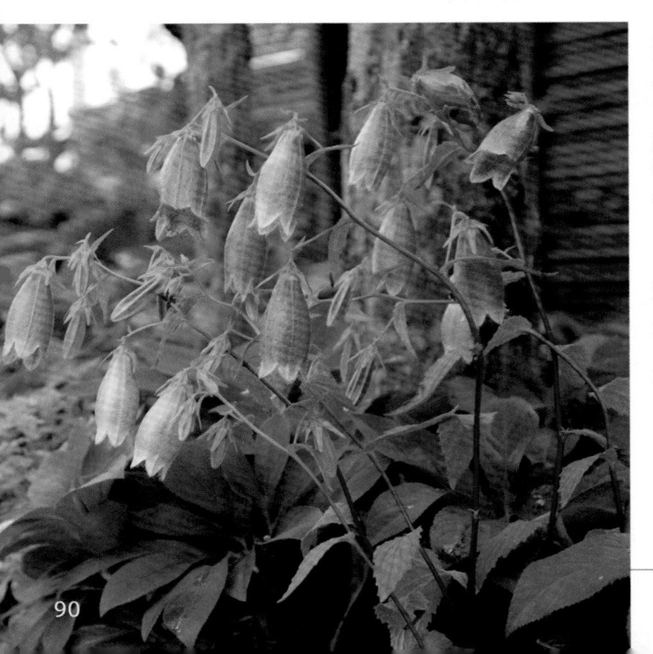

形如大吊钟的花

紫斑风铃草

别名：灯笼花 / 耐寒性多年生草本 / **花期：**6~7 月 / **花色：**粉、紫
高：40~50 厘米 / **栽种：**3 月、10~11 月（生长适温：10~25℃）
Campanula punctata / 桔梗科

花的内侧带有紫色斑点，白色或浅红色的钟形花朵，数朵花朝下开放。随风摇曳的姿态独具风情，适合布置在日式庭院里。近几年也有蓝紫色大花的园艺品种上市，是装饰半日阴的庭院的人气草花。

●栽培要点

3 月和 10~11 月是栽种、分株最好的时候。宜在排水良好、夏天无西晒的地方种植，施肥过量会影响野趣风情，所以要注意控制好施肥量。

初夏到夏天都能在花坛里种植的花卉

除虫菊

别名：匹菊 / 耐寒性多年生草本
花期：5~7 月 / **花色**：红、白 / **高**：30~60 厘米
播种：5~6 月（发芽适温：15~20℃）
栽种：10 月上旬（生长适温：12~22℃）
Tanacetum / 菊科

原产于亚洲西南部，日本有红花除虫菊等 3 个品种。除虫菊的名字源于花中含有除虫菊素，该成分可用作除虫剂。初夏会开出像大滨菊的花朵，除了可以露地种植外，还能用作切花。

●栽培要点

喜有光照、排水良好的肥沃土壤。5~6 月播种，长出 2 片真叶后移植，放置在雨淋不到的地方进行管理。10 月上旬按植株间距 30 厘米进行移植。可进行分株繁殖。

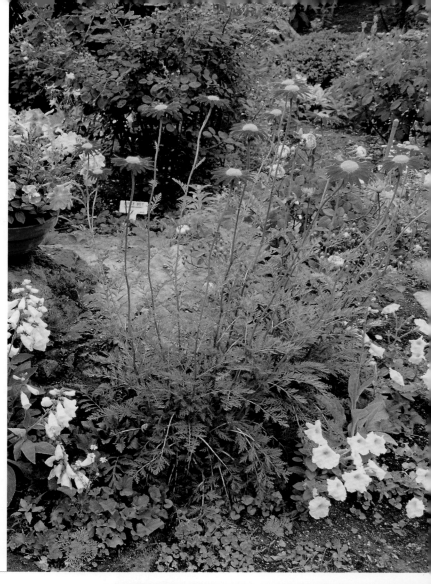

引人注目的除虫菊花的中心部分的黄色花瓣与红色花瓣形成鲜明对比

宜在半日阴处生长的秀丽花朵

忘都草

别名：裸菀 / 耐寒性多年生草本 / **花期**：5~6 月
花色：蓝、紫、粉、白 / **高**：15~70 厘米
栽种：9~10 月（生长适温：15~25℃）
Miyamayomena savatieri / 菊科

分布于日本本州的箱根以南到四国、九州地区的多年生草本。有株高约 15 厘米的矮生品种和约 70 厘米的高生品种。5~6 月分枝后的茎的先端长有直径为 3~4 厘米的花朵。盆栽主要用的是矮生品种，高生品种常于露地种植或用作切花。

●栽培要点

9~10 月在排水良好的半日阴处种植。要给予充足的水分，并铺上稻草以防干燥。盆栽要避开西晒，放置在半日阴处，冬天可以在户外栽培。分株在 9~10 月进行。

大花兰花式花形

大花仙人掌式花形

中花兰花式花形

充满魅力的花形与多彩的花色

大丽花

别名：天竺牡丹 / 春植球根（块根）/ **花期：**5~10 月
花色：红、粉、橙、紫、黄、白 / **高：**20~150 厘米
栽种：4~5 月（生长适温：15~22℃）
Dahlia / 菊科

原产于墨西哥、危地马拉的高原地带，有十几个野生品种，其中红大丽花等几个品种是园艺品种的原始栽培品种。大丽花是具有代表性的夏天开花的球根花卉，从极大花到极小花等种类繁多，花形也有兰花形、银莲花形等 14 种分类。不仅花有变异，叶子也有亮绿色、棕色等颜色。

●栽培要点

挑选球根时，要选择头部结实、先端长有漂亮的芽的球根。在有光照、排水良好的地方，施堆肥、有机肥料种植球根，用支柱立起。覆土深度为 5 厘米。球根间距按巨大花为 1 米左右，小花为 50~60 厘米来种植。晚秋时期起球越冬。

混栽的小花品种

▲小花品种“红紫皮可利亚”

▼“子夜月”

▼“日本主教”

植株强健，适合种植在岩石花园里

飞蓬

耐寒性多年生草本 / **花期**：5~6 月 / **花色**：橙、紫、桃、黄、白
高：20~100 厘米 / **播种**：6 月（发芽适温：20~25℃）
栽种：3~4 月、10 月（生长适温：15~20℃）
Erigeron / 菊科

分布在北美洲的多年生草本，有株高约 1 米和适合种植在岩石花园的矮生品种等多个品种，是通过自体传播也能繁殖、生长的花卉，可盆栽、作为地被植物或切花等。

●栽培要点

野生在干燥的草原上，所以在有光照和排水良好的地方种植是栽培要点。盆栽的情况下，根缠绕在一起时植株会腐烂，所以在春天或秋天的时候，每年进行 1 次移植。可分株繁殖。不耐夏天的高温多湿天气。

可做成切花或干花

红花

别名：红蓝花 / 秋播一年生草本 / **花期**：5~6 月 / **花色**：由黄到红变化
高：40~120 厘米 / **播种**：9 月 ~10 月（发芽适温：15~20℃）/ *Carthamus tinctorius* / 菊科

日本山形县等地为红花的主要栽培中心。红花除了可以用作切花外还能作为染料，或食用、药用等，用途广泛。花朵像蓟，开始开花的时候花呈黄色，之后逐渐变成红色，展现出独特魅力。也可做成干花。

●栽培要点

宜种在干燥、排水良好的地方，要施充足的堆肥，长出 5~6 片真叶的时候进行间苗，每处只种 1 株。移植的时候要不破坏根坨。施肥量要少些。

富有光泽的花瓣适合做成干花

麦秆菊

别名：帝王贝细工 / 春播或秋播一年生草本 / **花期**：5~6 月、7~9 月
花色：红、粉、橙、黄、白 / **高**：40~90 厘米
播种：4 月、9 月下旬 ~10 月上旬（发芽适温：15~20℃）
栽种：6 月、11 月（生长适温：15~25℃）/ *Helichrysum bracteatum* / 菊科

除了能够享受种植在花坛、花盆或做成切花的园艺乐趣外，还能做成干花，是原产于澳大利亚的多年生草本，有时也被归为一年生草本。品种有大花品种“瑞士巨花”、混有各种颜色的“比基尼”矮生品种等。

●栽培要点

直接播种的话要进行几次间苗，或是在花盆等容器中育苗后栽种。宜种在有光照、排水良好的地方。原为多年生草本，所以条件好的话植株能生长好几年。

因其华美的花色而成为高人气花卉

大丁草

别名：非洲菊 / 半耐寒性多年生草本 / **花期**：4~10 月
花色：红、粉、橙、黄、白 / **高**：15~80 厘米 / **栽种**：3~4 月（生长适温：15~25℃）
Gerbera / 菊科

约 100 年前在南非发现该花。花色丰富，花形有单瓣花、半重瓣花、重瓣花等许多种。是尤其受欢迎的切花材料。小花系列自迷你啫喱系列品种推出之后，在插花界变得十分受欢迎。

●栽培要点

不喜多湿环境，喜阳，所以宜在有半日以上光照、温度在 15℃以上的地方栽培。叶子过于茂密时则需要修剪老叶。初春是分株、移植的最佳时期，注意处理植株时不要剪掉根部。

矮生品种适合布置在花坛边缘

夏白菊

别名：短舌匹菊 / 秋播一年生草本 / **花期**：5~7 月 / **花色**：黄、白
高：30~80 厘米 / **栽种**：9 月中、下旬（发芽适温：15~20℃）
栽种：3 月（生长适温：15~23℃）/ *Tanacetum parthenium* / 菊科

原为多年生草本，在日本被归为秋播一年生草本。初夏纤细的枝叶先端长出许多直径达 1.5 厘米的花朵。花形有单瓣花、重瓣花、银莲花形，此外还有高生品种和矮生品种。一般种植在花坛和花盆里。

●栽培要点

因为具有耐寒性，秋天播种，春天移植在花坛里或是上盆。无论哪种栽培方式都要浇水并挑选肥沃的土质。如果在春天播种，则夏天开花，但是建议还是在秋天播种。

可布置花坛或做成干花

鳞托菊

别名：大羽冠毛菊 / 秋播一年生草本 / **花期**：3~4 月 / **花色**：红、黄、白
高：30~50 厘米 / **播种**：9 月中旬 ~10 月上旬（发芽适温：15~20℃）
栽种：3~4 月（生长适温：12~22℃）/ *Rhodanthe manglesii* / 菊科

原产于澳大利亚的一年生草本，细长、稍微有些歪曲的茎先端长有直径达 2.5~4 厘米的花朵。中心部分为管状花，花色为黄色或紫色，看起来像花瓣的部分是总苞片，有一层干燥的膜质。不能淋雨，所以宜种在花盆里。可做成切花、干花。

●栽培要点

种子有棉毛，所以播种时将种子与沙充分混合揉搓，使其能更好地吸收水分。在育苗箱里放入砂质土，播撒种子，当长出 4~5 片真叶后定植。3 月左右栽种，植株长到正常高度的一半左右即可开花。

收获期的花蕾

花蕾能食用

洋蓟

别名：朝鲜蓟 / 耐寒性多年生草本 / **花期**：6 月
花色：蓝紫 / **高**：1.5~2 米 / **播种**：3~4 月（发芽适温：15~20℃）
栽种：9 月（生长适温：15~25℃）
Cynara scolymus / 菊科

原产于地中海沿岸地区，叶大且分裂，被棉毛包裹。初夏的时候长出粗茎，会开出大型蓟一般的花朵。除了可以在庭院栽培、做成切花外，还能将花蕾煮过之后食用。

●栽培要点

适合在有光照、排水良好的地方种植，不挑土质。春天和秋天用母株根部长出来的幼苗进行分株。秋天栽种苗株也是简单的栽培方法。嫩芽等部分容易招来蚜虫，要用杀虫剂除虫。

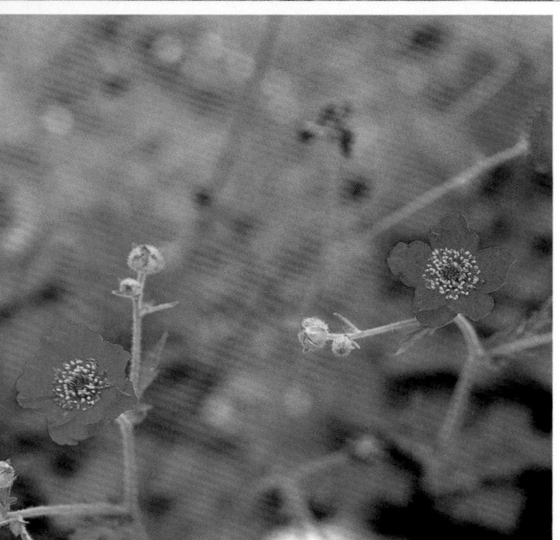

轻飘飘如梅花般的野草

红花路边青

别名：红花水杨梅 / 春播一年生草本 / **花期**：4~5 月
花色：红 / **高**：20~25 厘米 / **播种**：5 月下旬 ~6 月中旬（发芽适温：20~25℃）
栽种：4 月上旬（生长适温：15~25℃）/ *Geum coccineum* / 蔷薇科

破土而出的叶子如白萝卜的叶子一般，因为开出的花朵呈红色，所以称作“红花路边青”。5 片圆花瓣呈水平状展开，如梅花一般，开花后雌蕊会成为果实，先端呈钥匙状。夏天不耐热，在日本为一年生草本。

●栽培要点

5 月下旬 ~6 月中旬播种，要用 1 年左右的时间育苗，4 月上旬移植。花盆宜放在有光照的地方。也可以从市面上购买苗株，栽培起来更简单。

华美的花卉，是花坛里的名配角

大滨菊

耐寒性多年生草本 / **花期**：6 月 / **花色**：白 / **高**：60~80 厘米
栽种：9 月下旬（生长适温：15~25℃）
Leucanthemum × superbum / 菊科

大滨菊是法国菊和日本滨菊通过人工杂交培育的园艺品种，用作切花和布置花坛。特别是栽培在花坛中，白色的花朵与众多花卉在一起，起到了调和的作用。为常绿植物，所以在冬天也非常有存在感，为冬天寂寞的庭院增添一分色彩。

●栽培要点

排水良好的土壤条件下则不挑地方种植。一般在 9 月下旬移植，错过了时间根部就长不开，植株就不能好好生长发育，所以栽培的时候要注意这点。盆栽的话，建议用大花盆来栽培。

在吊盆中栽培或是作为地被植物

高杯花

别名：银杯草 / 耐寒性多年生草本 / **花期**：6~8 月 / **花色**：白
高：6~7 厘米 / **栽种**：4~5 月（生长适温：15~25℃）
Nierembergia repens / 茄科

原产于阿根廷的多年生草本，茎在地上匍匐生长并长满直径约为 2 厘米的白色花朵。花呈杯形，因此又叫“银杯草”。适合用作花坛的镶边，栽培在岩石花园中，或作为地被植物等。在吊盆里种植，枝条生长繁茂，垂下来的样子也很美。

●**栽培要点**

宜选择在有光照、排水良好的地方，在春天栽种苗株。喜湿度适宜的环境，酷暑时宜在黄昏时分浇水。施追肥，春天进行分株繁殖。

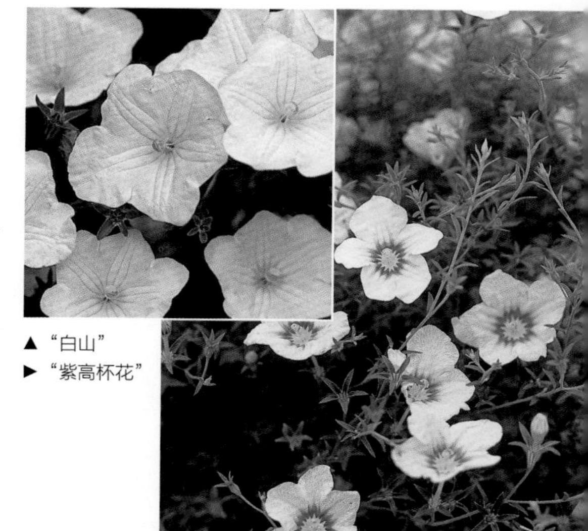

▲“白山”
►“紫高杯花”

散发迷人香气的紫色花卉

苹果蓟

别名：蓝冠菊 / 半耐寒性多年生草本 / **花期**：8~10 月
花色：紫 / **高**：30~40 厘米 / **栽种**：4~5 月（生长适温：15~25℃）
Centratherum punctatum / 菊科

叶子会散发出如苹果般的香气，花朵绽放的样子像蓟，所以被叫作“苹果蓟”。在日本常被叫作“紫露香”。草本植物，植株并不高，但是横向生长面积广。开花期长，能一直开到 10 月底。

●**栽培要点**

不耐寒，在花坛中种植要做好防霜冻工作。喜光照，但夏天要避开阳光照射。生长过盛时，要修剪至快到腋芽上面的部分。4~5 月宜分株。

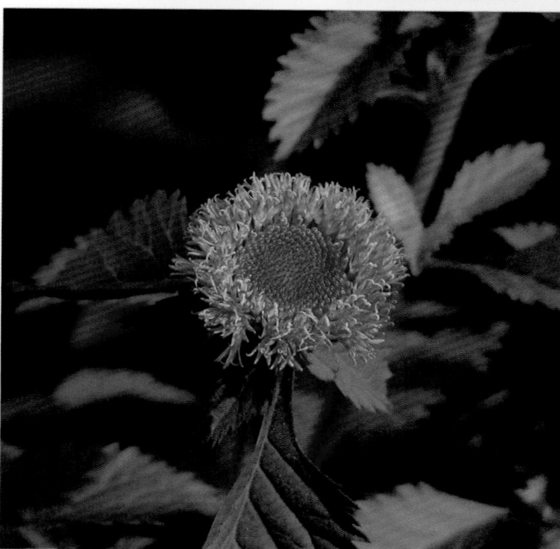

夏天花坛里不可或缺的花卉

长春花

别名：日日草 / 春播一年生草本 / **花期**：7~11 月 / **花色**：红、粉、白
高：30~60 厘米 / **播种**：4 月下旬 ~7 月上旬（发芽适温：25℃）
栽种：6 月 ~8 月下旬（生长适温：20~25℃）/ *Catharanthus roseus* / 夹竹桃科

日本夏季高温多湿，许多花草难以生长，但是长春花却是少有的能在这样的环境下每天开花的花卉，开花从不间断，所以日本又称长春花为“日日草”。花能开 3~4 天，在充足的阳光照耀下及高温的环境下可以持续开花，但是气温下降之后花朵会变小，下部的叶子会变黄。

●**栽培要点**

喜高温、干燥的气候，在长春花生长发育期间，注意让植株处在高温的环境中。发芽后让其沐浴在阳光下以免徒长，长出 4~6 片真叶的时候要间苗，花盆里只留 1 株。在花坛里栽培时，6 月 ~8 月下旬进行移植。

与锦紫苏混栽

▲种植在花境后方的“南方魅力”

适合种植在花境处

毛蕊花

别名：牛耳草、大毛叶 / 耐寒性二年生草本或多年生草本
花期：7~8 月 / **花色：**红、紫红、黄、白 / **高：**50~150 厘米
播种：4 月（发芽适温：15~20℃）
Verbascum / 玄参科

分布于地中海沿岸地区到西亚、中亚的二年生草本或多年生草本，高茎伸长，先端长有穗状花序。属名“毛蕊”有“带须毛”的意思，全株被毛。高生品种的花可做成干花。是欧式花境中不可或缺的花卉，大型植株的草姿可成为庭院中的一处亮点。与自然风格的花草丛相搭，黄色的花朵尤其受人欢迎。

● 栽培要点

喜充足光照和富含石灰、腐殖质的肥沃土壤。春天播种后，植株呈莲座叶丛状越冬，第二年夏天开花。

◀天鹅绒毛蕊花

红紫色的花朵，变换的珍珠菜

紫花珍珠菜

耐寒性多年生草本 / 花期：5~6 月 / **花色**：紫红
高：30~60 厘米 / **栽种**：春、秋（生长适温：15~25℃）
Lysimachia atropurpurea / 报春花科

紫花珍珠菜是与黄排草一样的直立性植株，耐寒性强，是强健的多年生草本。花色多为白色、黄色，是珍珠菜属植物中较为罕见的开深紫红色花朵的植株，有种成熟的美感。通常以“博若莱”珍珠菜的名字流通于市面。

●栽培要点

不喜多湿的气候，但也要注意不能过于干燥。特别是盆栽的时候，要在高温干燥的时期给予植株充足的水分。在植株生长发育时期每 10 天施 1 次液肥。通过分株来繁殖。

黄色花朵点缀着夏天的花坛

黄排草

别名：斑点过路黄 / **耐寒性多年生草本 / 花期**：6~8 月
花色：黄 / **高**：50~60 厘米
栽种：3~4 月、9~10 月（生长适温：15~25℃）
Lysimachia punctata / 报春花科

原产于欧洲、亚洲，与在日本有分布的矮桃同属。茎直立，叶轮生，叶腋上长出直径达 3 厘米左右的黄花，茂密生长接连开放。夏天在花坛里种植能够享受到赏花的乐趣。

●栽培要点

栽种、分株在 3~4 月或 9~10 月进行。喜潮湿，在湿地和水边生长发育良好。宜在土壤里施较多的腐殖土和堆肥。向阳处、半日阴处均可栽培。

美丽的黄色花朵

缘毛过路黄

耐寒性多年生草本 / 花期：6~7 月 / **花色**：黄 / **高**：60~90 厘米
定植：3~5 月、9~11 月（生长适温：15~25℃）
Lysimachia ciliata / 报春花科

从初夏开始开出浅黄色的 5 瓣花。朝下绽放出大量花朵，带有一丝柔情。其中以“鞭炮”的名字上市的品种叶子呈紫色，与花朵形成鲜明对比，十分美丽。

●栽培要点

喜有保水性的土壤，耐寒性强，是植株强健的多年生草本，喜向阳处、半日阴处。植株较高，因此适合在庭院中种植，也能盆栽。栽种、分株在春天和秋天进行。

柔和的穗状花朵

落新妇

别名：小升麻、术活 / 耐寒性多年生草本 / **花期**：7~9 月 / **花色**：红、粉、紫、白
高：40~80 厘米 / **栽种**：10 月、3~4 月（生长适温：15~20℃）
Astilbe / 虎耳草科

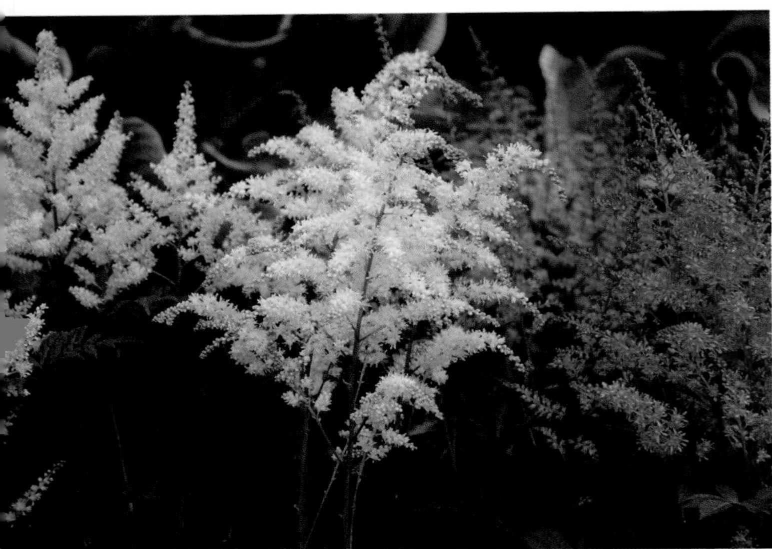

日本原产的日本落新妇、乳茸刺、红升麻等杂交后的品种。适合栽种在欧式、日式的庭院中。柔和的穗状花朵给人一种柔软的感觉，与许多植物相搭都很协调。有很多园艺品种，大多是德国培育出来的。

●栽培要点

适应日本的气候、土壤环境，容易栽培，无论是有光照的地方还是半日阴的地方都能栽培。喜富含有机质、透气性良好的砂质土壤。

◀红色与白色的落新妇
▼在自然的庭院里与红色、白色的落新妇一同混栽的天竺葵、荆芥、蓍草

易生长、强健的多年生草本

蓍草

别名：洋锯草、高山蓍 / 耐寒性多年生草本 / **花期**：5~9 月
花色：红、粉、橙、黄、白 / **高**：60~150 厘米
播种：9 月下旬（发芽适温：15~20℃）
栽种：3~4 月（生长适温：15~25℃）/ *Achillea* / 菊科

红、黄、白等花色的小花在茎的先端呈伞状密集生长，是欧美的宿根花卉花坛里不可或缺的花卉，是切花里的重要材料。此外，"蓍草"这一名字也常作为草本名。有野生品种，但是栽培较多的为园艺品种洋锯草。

●栽培要点

宜在有光照、排水良好的土壤里种植，是耐寒性强，强健的多年生草本，喜凉爽、偏冷的气候，夏天如果气温太高则容易枯萎。植株混在一起生长的话需要在春天进行分株。

洋锯草

适合在寒冷地带栽培，如蜡烛般的花卉

独尾草

别名：荒漠蜡烛 / 秋植球根 / **花期**：5~7 月
花色：红、粉、橙、黄、白 / **高**：60~150 厘米
播种：9 月下旬（发芽适温：15~20℃）
栽种：8~10 月（生长适温：15~25℃）
Eremurus / 日光兰科（百合科）

原产于中亚。学名有"沙漠之尾"的意思。长长的花茎上长满了星形的小花，花朝上开。特别耐寒，但是不耐热，所以适合在寒冷地带种植。

●栽培要点

宜在有光照、排水良好的地方种植。不耐夏天高温多湿的天气，所以开花后，要用乙烯树脂覆盖枯萎植株的地上部分，以免植株被雨淋，尽量保持干燥。8~10 月种植上市的球根，第二年初夏的时候会开花。粗根能储蓄充足的养分，所以注意种植时不要折断根。

▲在蓝眼菊跟前种植的柔毛羽衣草

适合作为地被植物

柔毛羽衣草

别名：斗篷草、米拉 / 耐寒性多年生草本 / **花期**：6~7 月
花色：黄绿 / **高**：40~50 厘米 / **栽种**：3 月、10~11 月（生长适温：12~22℃）
Alchemilla mollis / 蔷薇科

分布于欧洲东部到亚洲地区的多年生草本。叶子覆盖地面呈莲座叶丛状，长出 40~50 厘米长的花茎，上部有很多细小的分枝，其先端长有许多黄绿色的小花，形成冠径为 2~3 厘米的花序。叶子美丽且茂密生长，适合作为地被植物。

●**栽培要点**

在春天或秋天进行栽种，可以将地上匍匐的根茎进行分株然后浅植，但是从播种开始栽培也很容易。夏天在半日阴、排水良好的地方种植，并注意不要让植株缺水。

◀“粉星”
▼“蓝星”

原产于热带的星形花

天蓝尖瓣木

别名：天蓝尖瓣藤、琉璃唐棉 / 半耐寒性攀缘性多年生草本或春播一年生草本
花期：6~8 月 / **花色**：浅蓝 / **高**：40~100 厘米
播种：4~5 月（发芽适温：20~25℃）/ **栽种**：5~6 月（生长适温：15~25℃）
Oxypetalum coeruleum / 夹竹桃科（萝藦亚科）

原产于巴西、乌拉圭，开 5 瓣花的美丽攀缘性植物。花色最初为浅蓝色，逐渐变成深蓝色。有桃色品种“粉星”。盆栽会长出 40~50 厘米长的藤蔓，也可做成切花。

●**栽培要点**

一般为春天播种。因为不喜高温多湿的气候，所以被归为一年生草本，但是只要顺利度夏也能在第二年继续生长。温暖地区可在户外度夏。只要保证气温达 13℃以上，在冬天也能开花。

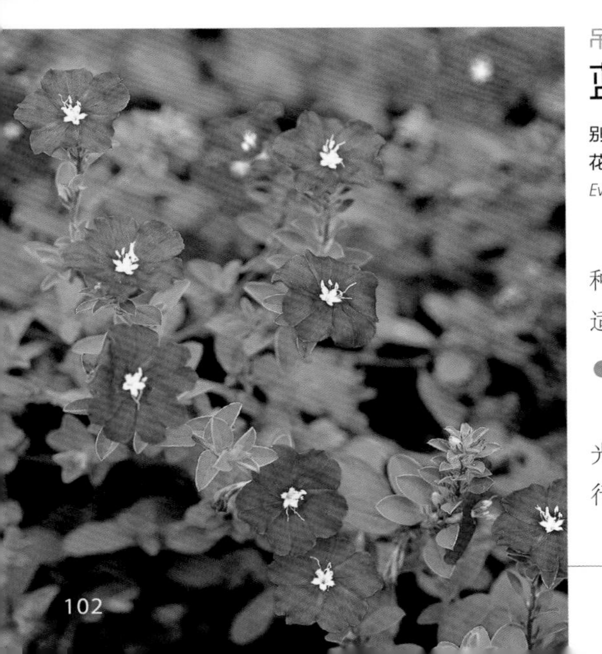

吊盆里的美丽蓝花

蓝星花

别名：美国蓝 / 非耐寒性多年生草本 / **花期**：5~9 月
花色：蓝 / **高**：20~60 厘米 / **栽种**：4~5 月（生长适温：15~25℃）
Evolvulus pilosus / 旋花科

在初夏到秋天开出清凉蓝花。为半攀缘植物，所以在吊盆种植，枝条垂下来，花朵开放，非常好看。茎匍匐生长，也很适合作为地被植物。

●**栽培要点**

盆栽可在有光照、通风良好的户外栽培。冬天要放置在有光照的室内窗边，控制好浇水量。4~5 月修剪过长的茎然后进行移植。生长期中，每天施 2~3 次稀释过的液肥。

硕大如头的夺目花朵

大花葱

别名：巨韭 / 秋植球根 / **花期**：4 月中旬 ~6 月下旬
花色：粉、紫、蓝 / **高**：100~150 厘米
栽种：10 月上旬 ~11 月上旬（生长适温：10~20℃）
Allium giganteum / 葱科（百合科）

大花葱与葱、韭菜同为葱属植物。有几个品种花朵美丽，可以作为观赏植物。花序形状、植株大小、花色、株高等变化丰富，大型品种大花葱的许多小花聚集成一团，呈直径超过 10 厘米的球状。除了可作为初夏花坛的材料外，还能做成切花。

●**栽培要点**

在有光照、排水良好的地方，每15~20厘米^{2}种1棵球根。夏天在叶子变黄后起球，在凉爽有日阴的地方保存到秋天。

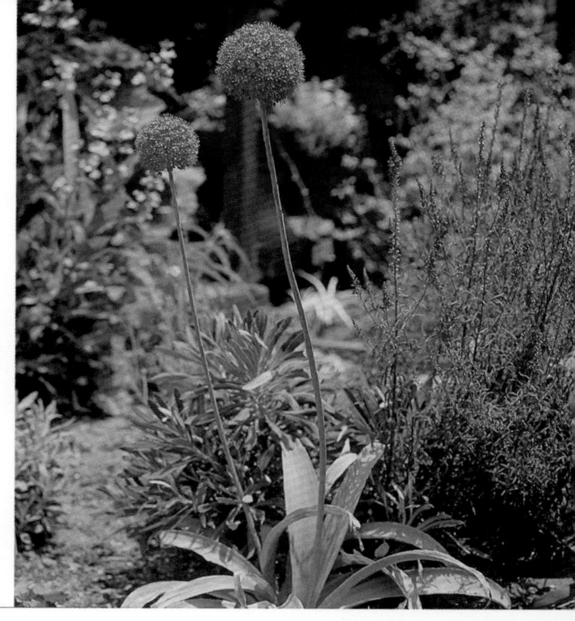

可温补、养生的葱属植物

细香葱

别名：香葱、虾夷葱 / 耐寒性多年生草本 / **花期**：6 月 / **花色**：紫
高：20~30 厘米 / **播种**：3~4 月、9~10 月（发芽适温：15~20℃）
Allium schoenoprasum / 葱科（百合科）

细香葱是野生于日本北海道的虾夷葱的变种，可食用其叶子和嫩鳞茎部分。富含有 β－胡萝卜素和钙，食用后可温补和调养身体。口感和浅葱相似，可以用在凉拌菜或是煎蛋饼等许多菜肴里。

●**栽培要点**

宜选在干燥、凉爽的地方种植，在播种前松好土。第二年初夏开花。要对茂密生长的叶子进行修剪，修剪程度为保留地上部分 3 厘米左右。植株会接连长出新芽，能收获好几次。

可做成干花的黄色花朵

金槌花

秋播一年生草本 / **花期**：4~5 月、8~9 月 / **花色**：黄 / **高**：60~70 厘米
播种：9~10 月（发芽适温：15~20℃）/ **栽种**：4 月（生长适温：15~23℃）
Craspedia globosa / 菊科

细花茎的先端为直径达 2.5 厘米左右的球状黄花。可做成切花、干花。植株较高，所以比较醒目，在花坛里比较抢眼，栽种到花盆里也很好看。英文名有“Drum stick（鼓槌）”“Yellow ball（黄球）”。

●**栽培要点**

不太耐寒，但是强健、易栽培。在温暖地带或秋天播种要在苗床里栽培以过冬。4~5 月开花，寒冷地带春天播种，8~9 月能赏花。长出 4~6 片真叶的时候定植到花盆里。

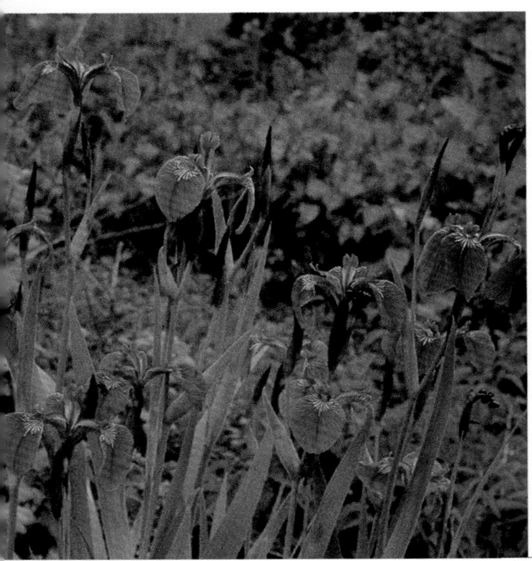

适合用作露地植物或盆栽植物

溪荪

耐寒性多年生草本 / 花期：5~6 月 / **花色：**紫、白 / **高：**60 厘米
栽种：6 月（生长适温：10℃）
Iris sanguinea / 鸢尾科

野生于日本各地的山野、草原等地的多年生草本。植株姿态端正，初夏时期花朵开放。跟玉蝉花一样不需要湿润的环境，所以只要有光照，无论露地种植还是盆栽都能享受到其中的园艺乐趣。最适合用作切花和茶席上的插花。

●栽培要点

耐干旱，适合在有光照、排水良好的地方栽培。开花后将植株挖出，对叶子先端的 1/3 处进行修剪，将植株分成 2~3 个小株移植。开花后施 2~3 次少量的缓效性肥料，提前 1 个月施肥。

在干燥的地方栽培

如彩虹般多彩的花色

德国鸢尾

耐寒性多年生草本 / 花期：5~6 月 / **花色：**红、粉、橙、黄、紫、蓝、白
高：60~100 厘米 / **栽种：**6 月，9 月中、下旬（生长适温：15~20℃）
Iris germanica / 鸢尾科

德国鸢尾是将原产欧洲的粗壮小鸢尾、匈牙利鸢尾等鸢尾花进行人工杂交后培育出来的园艺品种，边缘褶皱下垂，花瓣大而华美，也是鸢尾属植物中花色变异最多的品种，分枝的花茎上会开出许多花。

●栽培要点

在有光照、排水良好的地方栽种，提前施石灰中和土壤的酸性，浅种，保持让根茎稍微露出来的程度。不能过量施肥，在植株生长过密之前进行分株，防止软腐病。

在湿地里种植的各类玉蝉花

日本所自豪的，代表性的宿根鸢尾属植物

玉蝉花

别名：花菖蒲 / **耐寒性多年生草本 / 花期：**5~6 月 / **花色：**粉、黄、紫、蓝、白
高：80~120 厘米 / **栽种：**6 月 ~7 月上旬（生长适温：15~25℃）
Iris ensata / 鸢尾科

玉蝉花是野生于日本的野花菖蒲经过改良后的园艺品种，衍生出了江户时代发展出来的江户花菖蒲、盆栽栽培可进行观赏的肥后花菖蒲、伊势花菖蒲等品种。原为湿地型植物，但是也能在庭院、田地、花盆里生长得很好。

●栽培要点

栽种的最佳时期是在开花之后，种植地宜选在有光照条件的地方。盆栽每年需将开花后的茎侧面长出的新芽分株并重新栽培。夏天高温干燥的时期，将花盆放入浅水中，要注意防范害虫。

以华丽的路德维希系为主流

朱顶红

别名：红花莲 / 春植球根 / **花期**：5~7 月 / **花色**：红、粉、白
高：60~90 厘米 / **栽种**：4 月（生长适温：15~20℃）
Hippeastrum / 石蒜科

原产于南美洲的几个品种进行复杂的人工杂交之后培育出来的园艺品种，曾被归为孤挺花属。常绿，花茎中空，柱头 3 裂，与孤挺花属的孤挺花有不一样的地方。

●栽培要点

挑选有许多主根的球根，让其先端（头部）稍微露出土壤表面种植。开花后摘去花茎上的残花，要施足肥料。秋天起球，让植株避开极端干燥的环境，在低温的室内越冬，春天重新栽种。

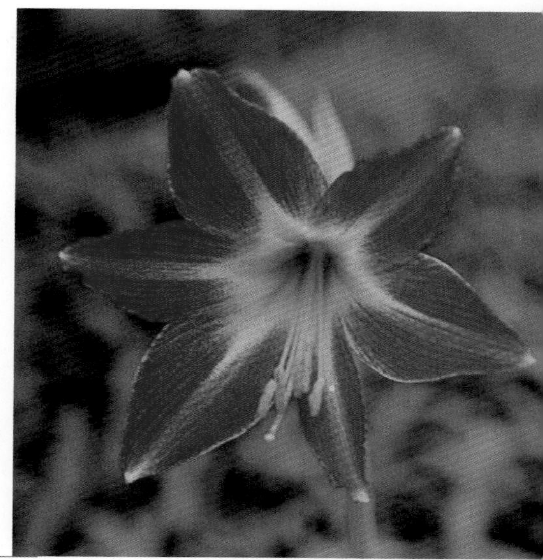

孤挺花与文殊兰的人工杂交品种

文殊伞百合

春植球根 / **花期**：9~10 月 / **花色**：粉、红、紫、白 / **高**：60~100 厘米
栽种：3~6 月（生长适温：15~20℃）
Amarcrinum / 石蒜科

文殊伞百合是孤挺花和文殊兰的人工杂交品种，漏斗花形，花茎上开 10 朵左右的花朵，在庭院里华丽绽放。基础色为粉色，也有红、紫、白 3 种花色。

●栽培要点

宜种在有光照、排水良好的地方。种植时球根头部稍微露出土壤表面，浅植。待开花需要 2 年左右的时间，冬天在植株根部铺上腐殖土等以做好防寒工作，寒冷地带要将植株挖出放置在室内。温暖地区一旦开过花后，放任不管也能每年开花。

群植在庭院里的美丽花卉

克美莲

别名：糠百合 / 秋植球根 / **花期**：5~6 月 / **花色**：蓝、白 / **高**：50~80 厘米
栽种：10 月中旬 ~11 月中旬（生长适温：15~20℃）
Camassia / 天门冬科（百合科）

分布在北美地区，耐寒性强，是易栽培的球根花。有株高 25 厘米左右的蓝色“埃斯库连塔”，株高 75 厘米左右的浅蓝色的“克思琪”，株高约 80 厘米的白色“雷克李尼”等。可盆栽、露地栽培、作为切花材料等。

●栽培要点

在有光照的地方施含有机质的基肥和石灰，深耕，将球根种植在约 6 厘米深的土壤里。之后几年放任其自由生长。花凋谢后叶子会变黄，6 月要把植株挖出，加入肥料重新种植。

粉色和红色的东方罂粟

颜色鲜艳，在初夏绽放的大花

东方罂粟

别名：鬼罂粟 / 耐寒性多年生草本 / **花期**：5~6 月 / **花色**：红、粉、橙、白
高：70~100 厘米 / **播种**：9 月（发芽适温：15~20℃）
Papaver orientale / 罂粟科

原产于地中海沿岸到中东地区的宿根型罂粟属植物，初夏会开出令人印象深刻的大花。叶深裂，茎有硬毛，也被称为“鬼罂粟”，种在花坛里十分漂亮，可以让人享受到赏花的乐趣，也可以做成切花。

●栽培要点

不喜高温多湿的气候，在温暖地区为秋播一年生草本，9 月播种，11 月定植。秋天定植需选择排水和通风良好的地方。开花后植株的地上部分会枯萎并进入休眠期，秋天会长出地上部分来越冬。

如小鱼倒挂着的样子

荷包牡丹

别名：铃儿草、鱼儿牡丹 / 耐寒性多年生草本 / **花期**：4~6 月
花色：粉、白、黄 / **高**：40~80 厘米 / **栽种**：2~3 月、10~11 月
Dicentra spectabilis / 罂粟科

▲荷包牡丹
◀白花品种

因为植株像鱼成排倒挂着的样子，所以在日本有“钓鲷草”之称。被当作山野草，该植物虽然有种和风的感觉，但也适合在英式庭院里种植。可盆栽，在赤陶材质的大盆里种植可以凸显出舒展的茎和可爱的花朵

●栽培要点

适合在有光照或是半日阴处，以及夏天能够避开阳光直射的地方种植。植株强健、不挑土。种盆苗的时候要注意不要剪掉根，盆栽要每年移植，露地栽培则每 3 年进行 1 次移植。

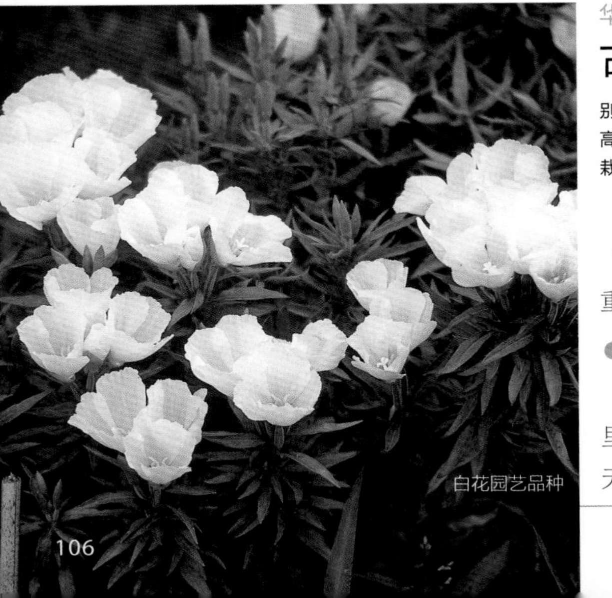

白花园艺品种

华丽的花色，受欢迎的草花

古代稀

别名：高代花 / 秋播一年生草本 / **花期**：5~6 月 / **花色**：红、粉、橙、白
高：30~80 厘米 / **播种**：10 月上旬（发芽适温：15~20℃）
栽种：4 月、11 月上旬（生长适温：15~20℃）/ *Godetia* / 柳叶菜科

南、北美洲有 20 个左右的野生品种，比较知名的品种为“爱蒙娜”和大型花种古代稀的杂交品种。4 瓣花，有单瓣和重瓣品种，花色光泽鲜明。能充分吸收水分，所以可做成切花。

●栽培要点

强健易栽培，不挑土，宜在排水良好的腐殖质砂质土壤里栽培。不喜移植。可直接播种或是在花盆里定植小苗。冬天做好防霜冻工作。

以蓝紫色为基调，带有清凉感的花卉

土耳其桔梗

别名：洋桔梗、草原龙胆 / 一年生草本
花期：5~8 月
花色：粉、橙、黄、紫、蓝、白
高：25~100 厘米
播种：3~4 月、9~10 月（发芽适温：15~20℃）
栽种：3~6 月（生长适温：15~25℃）
Eustoma grandiflorum / 龙胆科

原产于美国的一年生草本。主要花色为蓝色、紫色，每年都有新花色的品种被培育出来，如美丽的带镶边的品种及重瓣、早生、中生、晚生等品种，品种不同花期也有很大的不同。是用作切花的高人气材料。也有很多盆栽品种，近年还有矮生品种上市。

●栽培要点

一般买入盆栽后将盆栽放置在有光照、通风良好的地方。不喜过湿的环境，所以在土壤表面干燥之后再浇水。开花后修剪掉 1/3 的茎，施追肥，在凉爽的地方度夏，秋天会再次开花。

可装饰于岩石花园或做成切花

金莲花

别名：金梅草 / 耐寒性多年生草本 / **花期**：4~8 月 / **花色**：黄、橙
高：25~100 厘米 / **播种**：11~12 月（发芽适温：12~15℃）
定植：3~4 月（生长适温：10~20℃）
Trollius / 毛茛科

北半球有 20 个野生品种，在日本有金梅草等 4 个野生品种。高生花卉，基本上喜在偏冷的地方生长，但是改良品种强健、耐暑，适合种植在花境、岩石花园等地，此外还能做成切花。

●栽培要点

晚秋时期播种，春天栽种。避开干燥的环境，种植前在稍微有黏性的土壤里加入腐殖质。到开花前要让植株接受充足的光照，之后移至半日阴的地方并避开夏天的高温干燥环境。注意防止施肥过量。

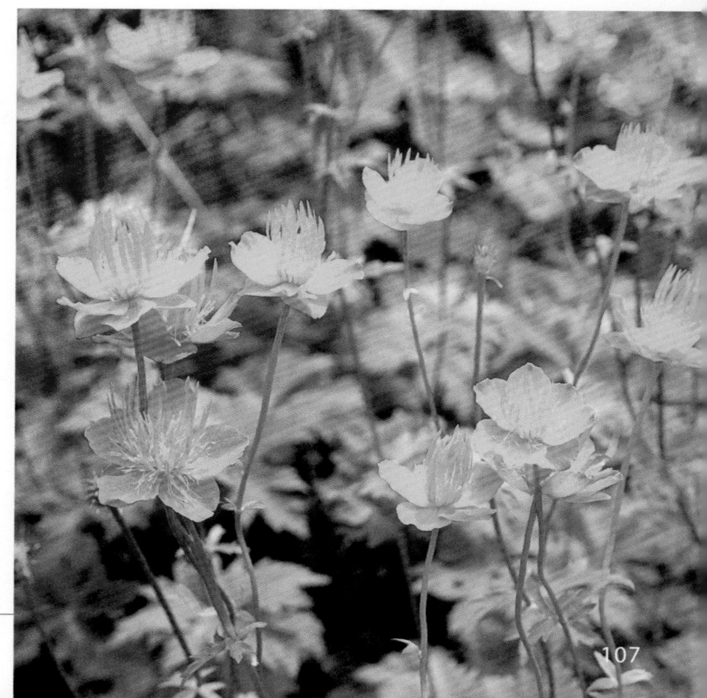

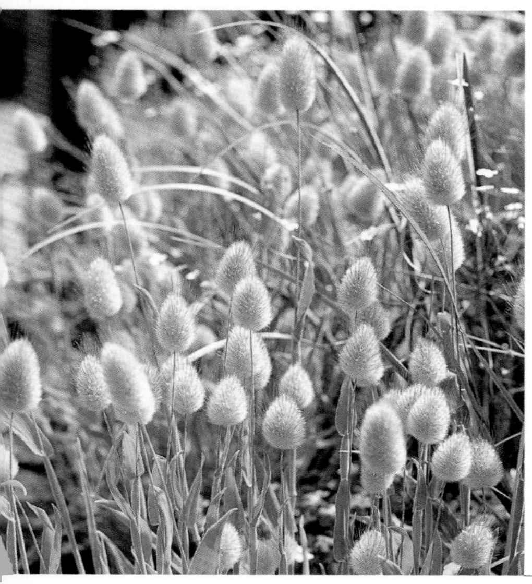

鲜花、花束里的最佳配角

兔尾草

别名：布狗尾 / 秋播一年生草本 / **花期**：5 月中旬 ~6 月上旬
花色：白 / **高**：30~40 厘米 / **播种**：9~10 月（发芽适温：15~20℃）
Lagurus ovatus / 禾本科

分布于地中海沿岸地区的禾本科植物，属名在希腊语里有“野兔的尾巴”之意，因植株的花穗像兔子的尾巴而得名。花穗长 3~6 厘米，被美丽的羊毛状的毛所覆盖，除了用在花坛里，还能作为鲜花、花束的材料。

●栽培要点

直接播种到花坛或方形花盆里，或者在花盆里育苗，初春的时候在不破坏根土的状态下移植到花坛里。植株间距为 25~30 厘米。若种在育苗箱里，发芽后 20~30 天能进行定植。

最适合做成干花的多彩花卉

补血草

别名：星辰花 / 秋播一年生草本 / **花期**：5~6 月 / **花色**：红、蓝、紫、粉、黄、白
高：70~100 厘米 / **播种**：9~10 月上旬（发芽适温：15~20℃）
栽种：4 月（生长适温：15~25℃）/ *Limonium sinuatum* / 白花丹科

花朵干燥，将切花直接放置在屋檐下吊挂，就能简单地做成彩色的干花。除了露地栽培外，矮生品种还能盆栽，让人享受到盆栽栽培的乐趣。除了深波叶补血草外，星辰花“本杰瑞”等品种也很美丽。

●栽培要点

秋天播种，然后移植到花盆里，放置在屋檐下过冬。4 月宜在有光照、排水和通风良好的地方栽种。寒冷地区要在 4 月播种，长出 4~6 片真叶的时候进行定植，7~8 月就能开花。

有着丰富花色的美丽花卉

吉利花

别名：黄花吉利花 / 耐寒性多年生草本 / **花期**：4~6 月 / **花色**：红、紫、粉、黄、白
高：约 20 厘米 / **播种**：9~10 月（发芽适温：15~20℃）
Gilia lutea / 花荵科

原产于北美洲的黄花吉利花开直径约为 1 厘米的小型花朵，但是花色丰富，可露地栽培、盆栽，以享受其中的园艺乐趣。

●栽培要点

可以进行春播，但秋播比较容易分枝，花量多。在有光照、排水良好的地方进行直接播种或是在平底花盆等处播种，移植 1~2 次，在可以避霜的地方越冬，3 月下旬 ~ 4 月上旬再移植到花坛等地。让植株保持略微干燥的状态。

美丽的蓝色盆花

加州蓝钟花

秋播一年生草本 / **花期**：6~9 月 / **花色**：蓝 / **高**：15~20 厘米
播种：9 月下旬 ~10 月上旬（发芽适温：15~20℃）/ **栽种**：3~4 月（生长适温：15~20℃）
Phacelia campanularia / 紫草科（田基麻科）

原产于美国加利福尼亚州的一年生草本，茎泛红，从根部开始分枝并横向生长。花朵直径为 3 厘米左右，呈钟形，花色为美丽的深蓝色。该花除了盆栽栽培外，还能栽培到吊盆里，具有很好的观赏价值。

●栽培要点

喜光照充足、排水良好的砂质土壤。栽培时让植株保持略微干燥的状态。不喜高温多湿的气候，所以宜秋天播种，用 3 号花盆，上盆育苗，春天栽种到 4 或 5 号吊盆、方形花盆或花坛里。

能食用的花卉

琉璃苣

别名：星星草 / 一年生草本 / **花期**：5~7 月 / **花色**：蓝 / **高**：50~100 厘米
播种：3 月下旬 ~5 月、9 月中旬 ~10 月上旬（发芽适温：15~18℃）
Borago officinalis / 紫草科

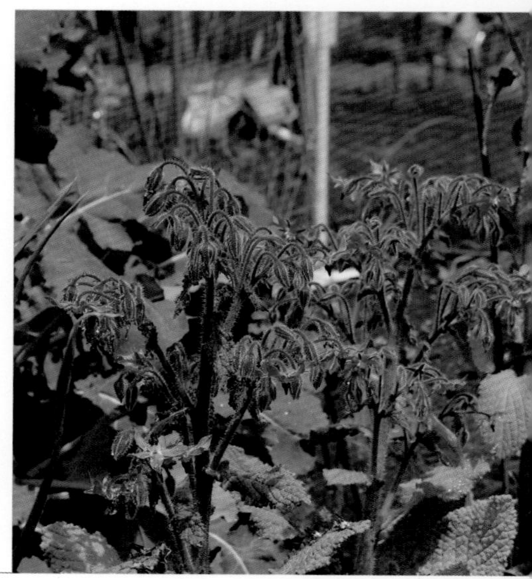

多朵蓝色的星形花朵齐放，是原产于地中海沿岸地区的草本。整株都可以食用，嫩叶除了可以做成天妇罗以外，花朵、叶子还能泡茶。此外，将花朵放在白葡萄酒水上，花色会渐渐变粉。能强健身体，对支气管炎有一定的疗效。

●栽培要点

春天或秋天，施完熟的堆肥等并与土壤混合，在肥沃的土地上直接一粒一粒地播种。株间距约为 45 厘米，不要让土壤过湿。自体传播并很容易繁殖，需要在第二年的时候移植。

如猫须般展开的雄蕊十分引人注目

猫须草

别名：猫须公、肾茶 / 非耐寒性多年生草本 / **花期**：6~10 月
花色：白、浅蓝 / **高**：40~60 厘米 / **栽种**：4~6 月（生长适温：15~25℃）
Orthosiphon aristatus / 唇形科

原生于中国南部至马来半岛、印度的多年生草本，呈灌木状生长。其马来语名字有猫须之意，且自古以来就是一种草药。在日本最初也作为药用植物而被引进。一般为白花品种，但也有浅蓝色花的品种。

●栽培要点

在高温环境下生长较快，热带地区每年都会开花。此外，不太耐旱，所以无论盆栽还是露地栽培都不要让植株太干燥，注意浇适量的水。从春天到秋天放置在向阳处，冬天移至室内，温度保持在 10℃以上。

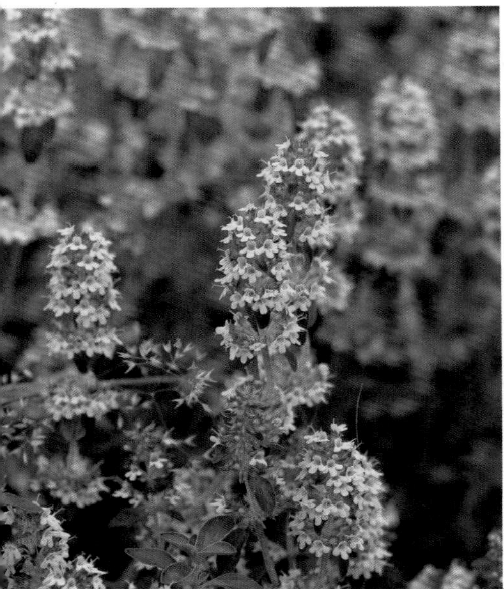

常用来炖菜的草本

百里香

别名：麝香草 / 常绿半灌木 / **花期：**4~7 月
花色：粉、白 / **高：**15~30 厘米 / **播种：**4 月、9 月（发芽适温：15~20℃）
栽种：4 月、9 月（生长适温：15~25℃）
Thymus vulgaris / 唇形科

原产于地中海沿岸，从基部开始分枝，开出许多小花。全株都散发出香气，含有芳香成分百里香酚，能止咳、杀菌、防腐，此外略带辣味，也适合与醋、肉菜相搭。直接干燥处理后还能享受其散发的优雅芳香。

●栽培要点

在有光照、排水良好的地方种植则不挑土质。直接播种、间苗，最终植株间距在 20~40 厘米。4~5 年后植株会衰老，所以初夏时期可通过扦插来让植株复壮。

耀眼的灰蓝绿色叶子

紫花琉璃草

别名：紫蜜蜡花 / 秋播一年生草本 / **花期：**4~6 月
花色：蓝紫、黄 / **高：**20~60 厘米 / **播种：**9~10 月（发芽适温：15~20℃）
Cerinthe major / 紫草科

像在反光的灰蓝绿色叶子，垂首绽放的独特姿态非常时髦，是英式庭院里常见的花卉，也是在日本比较容易买到种子和苗株的植物。在蓝色庭院里混栽，非常醒目。最近有了黄花品种。

●栽培要点

种子在秋天播种，寒冷地区在春天播种。也可以在春天购买上市的苗株。强健、易生长，在有光照和土壤略干、排水良好的环境下不挑土质就能很好地生长起来。

福禄考“娜塔莎”

点缀着夏天的花坛

天蓝绣球

别名：草夹竹桃、宿根福禄考 / 耐寒性多年生草本 / **花期：**6~9 月
花色：红、浅紫、桃、白 / **高：**70~100 厘米
栽种：3~4 月、10 月下旬 ~11 月上旬（生长适温：15~25℃）
Phlox paniculata / 花荵科

原产于北美洲，茎直立，先端有小花呈金字塔状开放。福禄考的一种，花香似花魁面上的白粉散发的香气，所以在日本又叫作“花魁草”。庭院种植不需要花太多的工夫，可做成切花。

●栽培要点

春天或秋天购买苗株，在有光照、排水良好的地方间隔 30~40 厘米进行栽种。芽长出 15 厘米左右时摘心，可长出花朵。在芽长出前的 3~4 月挖出植株，通过分株繁殖。

散发高雅香气的草本女王

薰衣草

耐寒性多年生草本 / **花期**：6~9 月
花色：粉、紫、蓝、白 / **高**：60~100 厘米
播种：4 月下旬 ~5 月（发芽适温：15~20℃）
Lavandula / 唇形科

法国薰衣草的园艺品种

自古以来都是欧洲常见的草本，常用作花坛的镶边、混栽等。还可做成干花香罐、沐浴剂等，用途广泛。深紫色的英国薰衣草适宜在日本北海道等寒冷地区种植。日本关东以西地区适宜栽培花色稍浅的法国薰衣草。

●栽培要点

喜有光照、排水良好的弱碱性土壤。春天撒播种子，在植株长到 20 厘米左右时进行移植。不喜高温多湿的气候，开花后进行收获的同时修剪掉植株的 1/3。

日本北海道的薰衣草田

如樱花般的娇艳小花簇拥成一团

美人樱

别名：美女樱 / 秋播一年生草本或多年生草本
花期：5~10 月 / **花色**：红、粉、紫、白
高：10~20 厘米
播种：9 月下旬（发芽适温：20℃）
栽种：4 月（生长适温：20~25℃）
Verbena hybrida / 马鞭草科

实生园艺品种

宿根美女樱

原产于中美洲、南美洲，强健，耐热，所以除了用于布置花坛外，还适合在方形花坛、花盆里种植。分成实生品种、被称为宿根美女樱的营养繁殖品种及植株较高的极小花品种 3 类，动人的小花簇拥开放，一直持续到秋天。

●栽培要点

实生品种在秋天播种，在苗床内过冬。4 月种在有光照、排水良好的地方。施有机肥料、石灰。宿根美女樱在春天可以购买盆苗，跟实生品种一样，以同样的条件栽种。

观叶植物中，栽培容器里的完美配角

伞花麦秆菊

非耐寒性常绿小灌木 / **观赏期：**春至秋 / **叶色：**银绿白 / **高：**10~50 厘米
栽种：4~5 月（生长适温：15~25℃）
扦插：5~6 月、9 月中旬 ~10 月中旬
Helichrysum petiolare / 菊科

原产于南非，茎有攀缘性，在地上匍匐生长，只要无霜冻就能过冬，在日本一般是盆栽。基本品种的叶色为银绿白色，也有叶呈酸橙色的品种“酸橙”。7~8 月开出浅黄色的花朵。

●栽培要点

秋天或春天直接播种，植株间距为 30 厘米。在花盆里播种，当长出 2~3 片真叶的时候上盆，长出 5~6 片真叶的时候定植在花坛或方形花盆里。喜光照和肥沃的土地。

叶色变化十分有魅力

锦紫苏

别名：金襕紫苏、五彩苏 / 非耐寒性多年生草本 / **观赏期：**7~10 月
叶色：红、橙、绿、黄绿 / **高：**20~80 厘米 / **播种：**5 月（发芽适温：20~25℃）
栽种：5~6 月（生长适温：17~25℃）/ *Coleus* / 唇形科

原产于热带至亚热带的多年生草本，但现在被归为一年生草本。可在花坛周围种植，群植十分美观。也非常适合在吊篮等中与其他植物进行混栽。有通过插芽繁殖的营养系和通过播种生长的实生系等品种。

●栽培要点

5 月播种，气温为 20℃的时候在户外定植，苗长出来后在 4~5 节的位置摘心。花穗长出来后修剪枝条的 1/3~1/2 部分。夏天不喜阳光照射，所以需在半日阴处栽培。

叶子可爱动人，园艺界里不变的高人气植物

洋常春藤

别名：西洋常春藤 、英国常春藤 / 常绿藤本 / **观赏期：**全年
叶色：绿 / **栽种：**全年（生长适温：10~25℃）
Hedera helix / 五加科

有“英国常春藤”之称，原产于欧洲。美丽的常绿叶子是其魅力所在，叶色丰富。具有攀缘性，匍匐生长。强健、易栽培，除可作为篱笆、地被植物之外，也可以在混栽中起到很好的衬托效果。

●栽培要点

喜阳，在半日阴处也能很好地生长。常绿、生长旺盛，比较明显的病虫害问题也比较少，但是初春的时候要注意防治蚜虫。春天到秋天每 10 天施肥 1 次。

立式花盆里混栽有伞花麦秆菊、洋常春藤和苏丹凤仙花等

在番薯间长满了小花矮牵牛

受园艺人士欢迎，种植在吊篮等容器里

番薯

非耐寒性多年生草本 / **观赏期**：4~11 月
叶色：黑紫、酸橙、带斑 / **高**：3~5 米
栽种：5~6 月（生长适温：20~30℃）
Ipomoea batatas / 旋花科

可食用番薯的园艺品种，能在户外享受园艺乐趣的观叶植物。酸橙绿色的“阳台酸橙”、紫叶的“布莱基”（见第 168 页）、带白色和红色斑纹的“三色”等深受园艺爱好者的喜爱。尤其是“布莱基”的矛状叶子十分有意思。番薯是种在吊篮、容器里的高人气品种。

● **栽培要点**

强健、生长旺盛。放置在室内的窗边也能很好地生长，气温保持在 10℃以上就能过冬。避免过湿，可以立支架撑起植株，以修整草姿。

花叶青木

有光泽的叶子，耐日阴

青木

常绿灌木 / **观赏期**：全年 / **叶色**：绿、白斑、黄斑 / **高**：1~2 米
栽种：4~5 月、9~10 月 /*Aucuba japonica* / 丝缨花科（山茱萸科）

不仅仅是叶子，枝条也是绿色的，耐日阴，所以是能在庭院北侧种植的庭院树木。雌雄异株，冬天结出鲜艳的红色果实的是雌株。放置不管也能自然地呈树形生长。有许多叶色鲜艳、呈黄色或带白色镶边的园艺品种，在阴暗的日阴处也能明艳动人。

● **栽培要点**

喜日阴、半日阴处，宜选在肥沃、微湿的地方栽种，避开过分干燥的地方。在 3~4 月进行整枝，将缠在一起的枝条疏枝。5 月老叶脱落，能长出新芽。

斑叶的玉簪、鼠尾草及飞蓬等构成的庭院一角

玉簪

别名： 白鹤仙 / 耐寒性多年生草本
观赏期： 5~9 月
花色： 浅紫、白 / **高：** 30~100 厘米
栽种： 3 月、10~11 月（生长适温：15~20℃）
Hosta / 天门冬科（百合科）

在东亚有 20 个左右的野生品种，日本的山野里也能看到 10 个品种以上的山野草，并且许多都被培育成了园艺品种。在欧美具有很高的人气，常用来布置英式庭院。花美，但主要用于观叶。

●栽培要点

强健、易生长的多年生草本。喜半日阴，但是在有光照的地方也能栽培。有光照再加上排水良好，则不挑土质。喜一直保持在适当的湿度。基本不需要施肥。

老鼠簕、百合、圣诞玫瑰等构成的花境

格调高的大型多年生草本

老鼠簕

别名：叶蓟 / 耐寒性多年生草本 / **花期：**7~9 月
花色：浅红紫 / **高：**30~120 厘米 / **栽种：**4 月（生长适温：15~25℃）
Acanthus / 爵床科

四季常绿的明艳的大型叶子，高大的花穗。原来是常用在科林斯风格建筑中的植物。大型品种蛤蟆花是最为普及的品种，此外还有在日本叫作“刺蓟”的品种，如其名，叶子深裂，先端有小刺。

●栽培要点

强健、耐寒，排水良好的话无论在向阳处还是半日阴处都能很好地生长。但是要避开夏天的西晒。在寒冷地带则春天定植，其他地区为秋天定植。

树形和叶色十分美丽

针叶树

针叶树（常绿灌木、乔木）
观赏期：全年 / **叶色：**蓝绿、黄绿、黄金、白斑等
高：1~20 米 / **栽种：**2 月中旬 ~5 月中旬、9~11 月
柏科、松科等

“Conifer”是针叶树的总称，叶小而美，常作为具有较高观赏价值的庭院树木来使用。常绿，还可自然呈树形，所以常被园艺爱好者用来单独种植或是与其他植物混栽在欧美风格的庭院里。主要为金冠柏这类呈圆锥形的品种，也有呈圆形生长或具有匍匐性的品种。叶色多样。

●栽培要点

强健、耐寒，排水良好的话无论在向阳处还是半日阴处都能很好地生长。有光照的话叶色会更鲜艳。喜略干燥的气候。不喜欢过度修剪，所以要仔细摘除枝条先端。

▲欧洲冷杉
►欧洲山松

▲黄金平铺圆柏

具有直立性和匍匐性且树形各异的针叶树共同构成的岩石花园。冷淡的深绿、简洁的银绿、明亮的酸橙绿，不同颜色的叶子齐聚在一起，即使没有花朵也十分美丽

秀丽的单瓣铁线莲。“罗曼蒂克”“如梦”“灵感”等。随着从白色到浅紫色、紫色的颜色渐变，植株渐渐长高，营造出舒适的绿荫。从重叠的树叶间隙漏出微光，为人们提供了极佳的休息场所

优雅的攀缘植物代表

铁线莲

耐寒性、半耐寒性藤本 / **花期**：5~10 月
花色：紫、蓝、红、粉、白 / **高**：10~500 厘米
栽种：2~3 月、10~11 月
Clematis hybrida / 毛茛科

铁线莲是用日本野生的转子莲改良后的花卉，有许多类型，有单瓣、重瓣、铃铛花形、百合花形等，丰富多样。能和蔷薇很好地协调搭配，但也有和蔷薇花期不同的品种，所以要事先查好其特征。和日式庭院的风格也很搭。比较鲜明夺目的品种也很适合盆栽。

●栽培要点

准备好二年生以上的大苗或是开花植株，在有光照、排水良好的地方，施充足的堆肥后种植。为了预防立枯病，要将枝条的 1 节埋入土中。根据植株类型采用不同的修剪方法，所以要了解好自己种的是什么品种和类型的铁线莲。

“波兰精神”

“特雷佛芳伦斯先生”

“笼口”

半钟蔓

拱形结构的侧面覆盖了意大利型铁线莲“贝蒂康宁”。稍微塑形后呈铃铛状向下蔓生的花形让人印象深刻

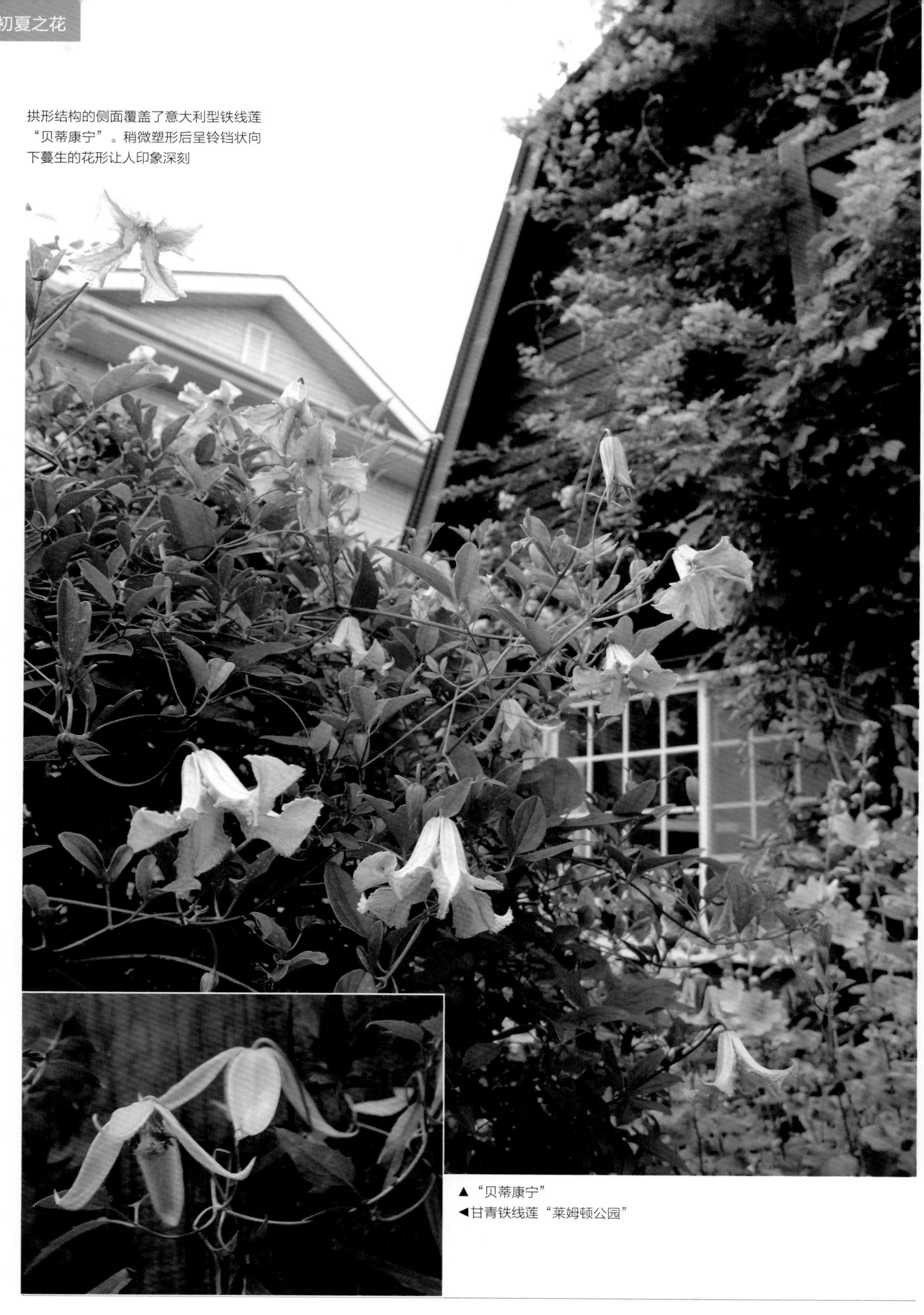

▲“贝蒂康宁”
◀甘青铁线莲“莱姆顿公园”

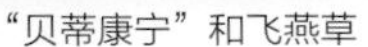
“贝蒂康宁”和飞燕草

“贝蒂康宁”（左）和“白万重”（右）

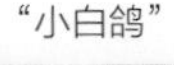
“小白鸽”

有魅力的优雅花女王

蔷薇

落叶或半常绿灌木
花期：4 月下旬 ~11 月
花色：红、粉、白、黄、紫、蓝、橙、杏黄、褐
高：15~500 厘米
栽种：新苗→ 4 月中旬 ~6 月上旬，大苗→ 10 月下旬 ~ 第二年 1 月
Rosa / 蔷薇科

分成古老月季和现代月季两大类。有四季开花且开大花的杂交茶香月季、四季开花的开中花的丰花月季、微型月季、攀缘月季等花色鲜艳的现代月季品种。通常称 1867 年前培育出来的为古老月季。株形柔和，能和其他植物很好地搭配。蔷薇种类不同，性质也有所不同，所以在栽培前要做好功课，选择与庭院相搭的品种，这点很重要。将古老月季的风情与现代月季的四季开花特性相结合的英国玫瑰也很受欢迎。

●栽培要点

春天新苗上市，秋天到冬天大苗上市。盆栽全年有卖。在有光照、通风和排水良好的地方深耕定植。要让大苗的根部在土里更好地伸展，在不破坏土壤的状态下种植新苗。开花后尽早修剪，施追肥，每年修剪 2 次，分别在冬天和夏天，这项工作很重要。

杂交茶香月季“赫尔穆特施密”

丰花月季“玛蒂尔达”

攀缘月季“安琪儿”

微型月季“开耶姬”

攀缘月季和灌木型月季与花草相组合，在庭院里形成了从粉色到蓝色的颜色搭配。紫色的是“紫雨”，浅粉色的是“新曙光”，右前方是深粉色小花“莫扎特”

英国玫瑰“布莱斯威特”

古老月季“多摩”

将槐树的根部用老砖围起来，在里面放上了“草莓冰淇淋”的盆栽。在砖前面也种上了小朵蔷薇，让人一眼难忘

庭院里种有古老月季、英国玫瑰等碎花形的蔷薇属植物。枝条自然垂下伸展开来，和其他植物相协调。植株基部用圣诞玫瑰和白及等各种各样的多年生草本来填补其中的空白

常用作庭院树木、行道树

四照花

落叶小乔木 / **花期**：5~6 月 / **花色**：白 / **高**：5~10 米
栽种：11 月中旬 ~ 第二年 3 月中旬 / *Benthamidia florida* / 山茱萸科

野生于山野中，也有的种在公园和庭院里。虽然是大花四照花（美国四照花）的近亲品种，但有花瓣（苞片）尖，以及叶子长出来后才开花等不同点。也有像“狼眼”等叶子上有明显镶边带斑的品种。还可以欣赏红叶和红色的果实。

●**栽培要点**

如果是光照充足、排水良好、富含腐殖质的肥沃土地，不必特别挑土质也能生长良好。在 1~2 月和 9 月，将油渣和骨粉混合成的肥料施在植株根基处。

枝条上长满花朵，优雅的洋山梅花

洋山梅花

别名：欧洲山梅花 / 落叶灌木 / **花期**：5~6 月
花色：白 / **高**：2~3 米 / **栽种**：11 月、3 月
Philadelphus / 绣球科（虎耳草科）

松田山梅花开出形如梅花般的白色花朵，很久以前就用作庭院树木或是鲜花材料。现在，洋山梅花等是广泛栽培的园艺品种。它从地面长出多条树枝，茂密生长，适合在庭院的后面种植。

●**栽培要点**

强健、在半日阴的地方可生长，如果湿度适宜则不挑土质。耐修剪。株形乱则在开花后进行修剪。

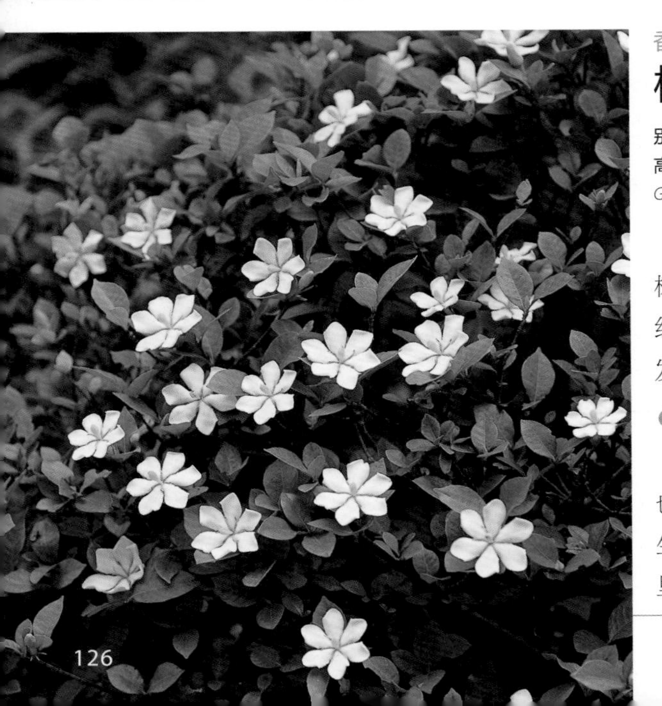

香气高雅的花卉

栀子花

别名：栀子 / 常绿灌木 / **花期**：6~7 月 / **花色**：白
高：0.3~2 米 / **栽种**：4~5 月、9~10 月
Gardenia jasminoides / 茜草科

分布于从中国南部至日本南部地区，花香，用作庭院树木、盆栽。叶对生，并在叶腋上开筒状的纯白色 6 瓣花。经过欧美改良的“加德妮娅”是重瓣花形的重瓣栀子，散发的香气更为迷人。

●**栽培要点**

4~5 月和 9~10 月栽种最为适宜。喜潮湿，在日阴处也能生长。植株基部用堆肥等覆盖栽培可更有效地促进其生长。在温暖地区不耐寒，所以不适宜在寒冷地区的庭院里种植。

花形如刷子

多花红千层

别名：美丽红千层、美花红千层 / 常绿灌木
花期：5~10 月 / **花色**：红、白 / **高**：1.5~3 米
栽种：4 月中旬 ~9 月
Callistemon speciosus / 桃金娘科

原产于澳大利亚，初夏开出的花朵形如刷子。明治时代中期传到日本，除了庭院种植外还能做成切花。

●栽培要点

在温暖地区，气温升高且变得稳定的 4 月中旬以后是栽种的适宜时期。冬天避开北风，在有光照、排水良好的地方，混上堆肥，不破坏根坨的状态下种植。枝条先端会长出花芽，所以开花的时候也一并剪去先端部分，可做成切花，享受切花的乐趣。

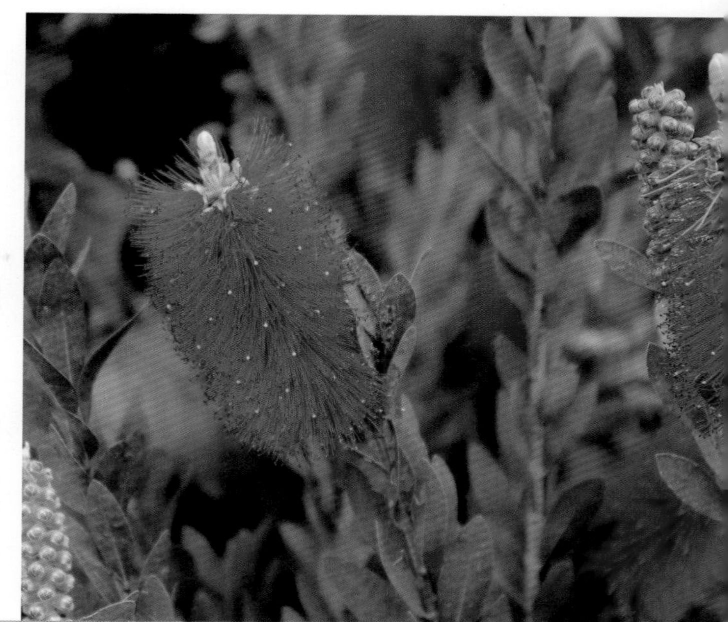

如柔烟般扩展的枝条

黄栌

别名：白熊树 / 落叶乔木 / **花期**：7~8 月
花色：粉、白、紫 / **高**：2~5 米
栽种：11 月 ~ 第二年 4 月
Cotinus coggygria / 漆树科

开花后，花柄会长出羽状物，如袅袅炊烟。将英文名直译过来是“烟树”。种植在庭院里，犹如标志性树木一般，为庭院增添了多样性。有泛紫的美丽铜叶品种“皇紫”、绿叶白花的“白冷杉”、红叶的“格蕾丝”等，都是高人气品种。

●栽培要点

在有光照和排水良好的地方，施堆肥和油渣等肥料是种植的基础。虽然也能盆栽，但是夏天注意不要缺水。即使不勤加修剪也能保持自然的树形。

黄栌如袅袅升起的烟

被美丽的树形和叶色吸引

金叶刺槐“弗里西亚”

别名：金叶洋槐“弗里西亚”/ 落叶乔木 / **观赏期：**4~11 月
花色：白、粉 / **高：**3~5 米
栽种：11 月 ~ 第二年 3 月
Robinia pseudoacacia‘Frisia’/ 豆科

金叶刺槐有着美丽的酸橙绿色叶子。生长速度快，任其生长的话高度可超过 10 米，但“弗里西亚”属于比较小型的品种，推荐露地栽培。需要修剪枝条，修剪在落叶期进行。

●栽培要点

宜在有光照、排水良好的砂质土壤里种植。生长速度快，根部容易打结，所以不适合盆栽。根浅，强风之下易倒伏。建议用支架固定。

变化的叶子，美丽夺目

彩叶杞柳

别名：花叶杞柳 / 落叶灌木 / **花期：**5~6 月
花色：白、粉、奶油白 / **高：**2~3 米 / **栽种：**10 月 ~ 第二年 5 月
Salix integra‘Hakuro Nishiki’/ 杨柳科

野生于日本的杞柳的园艺品种。绿色的新芽逐渐带有奶油白，然后最终变成粉色或浅橙色，更加引人注目。适合在欧式庭院里栽培，强健、耐剪，也适合用作篱笆。

●栽培要点

喜有光照、半日阴、微湿的肥沃土壤。栽种时施腐殖土。大规模的修剪在落叶期进行，但是因为萌芽快，所以为了修正树形要偶尔进行修剪。

“火烈鸟

与欧式住宅相搭的清爽叶树

复叶槭

别名：梣叶槭 / 落叶乔木 / **观赏期：**4~11 月
花色：白、红、绿等 / **高：**3~15 米 / **栽种：**1 月 ~2 月上旬
Acer negundo / 无患子科（槭树科）

一般称为复叶槭。耐寒性强，在日本北海道可以早早地种植。原产于北美洲东部，是在 1992 年引进日本的。叶子带白斑的“火烈鸟”美丽强健，是搭配欧式住宅的常见植株。

●栽培要点

因为有一个大树冠，在强风之下容易倾倒，所以宜选在风不大的地方栽种。修剪宜在 1~2 月进行。要从枝条的基部开始修剪。

紫藤

藤本植物，能用作棚架或遮阳。花朵下垂绽放，十分美丽。

毒豆

黄色的花朵呈藤条状排列，为落叶乔木。别名金链花。不耐热。

滨梨

野生于日本北海道海岸的野生玫瑰。在温暖地区植株生长能高达 2 米左右。

天宝花

原产南非的多肉植物，也有株高达 3 米的品种。别名“沙漠玫瑰”。

日本鸢尾

在庭院里种植的美丽山野草。很久以前从中国传入。

圆穗蓼“斯佩尔巴”

有着大花穗的蓼属植物。最近被归为萹蓄属植物。

金丝梅

有 5 片花瓣的美丽黄色花朵，小灌木。和金丝桃同为金丝桃属。

春黄菊

株高 15 厘米左右的小型植株，花朵直径为 2~3 厘米。花瓣（舌状花）呈白色，中心部分为黄色。

黄花春黄菊

黄花草本。和菊花不同属，为春黄菊属。日本称其为“染坊菊”。

圆叶过路黄

具有匍匐性的珍珠菜属植物。作为观叶植物可栽培在吊盆里。花朵也很美丽。

大紫露草

梅雨季节，开出蓝、紫等花色的花朵。比普通的紫露草要大。

花叶鱼腥草

带红斑、白斑叶子的鱼腥草。强健，适合作为地被植物。

重瓣鱼腥草

开重瓣花的鱼腥草。和鱼腥草一样，稍不留意就会生长得过于茂密。

月见草

柳叶菜科的半耐寒性秋播一年生草本。株高约 15 厘米，花朵直径为 2~3 厘米。

黄花蔓凤仙

有和日本的野凤仙花相似的花形，黄色的苏丹凤仙花。原产于斯里兰卡。

高雪轮

原产于欧洲，株高约 50 厘米的蝇子草属植物。别名美人草。

麦毒草

又名麦抚子，或叫麦仙翁。粉色的花朵中带有深色斑点是该植株的特征。

樱雪轮

石竹科的秋播一年生草本。别名小麦仙翁。最近被归入蝇子草属。

红花细梗溲疏

野生于各地的细梗溲属的红花品种。可用作庭院树木。

蓝蓟

原产于欧洲的紫草科一年生草本。花朵直径约为 1.5 厘米，花量多。

长阶花

原产于新西兰的小型花木。有白、粉、紫等花色。

神香草

原产于欧洲的草本。在日本又叫“柳薄荷”，有跟薄荷相似的香气。

多穗马鞭草

自古就作为草药来使用，原产于北美洲的草本植物。马鞭草属植物。

蔓性野牡丹

原产于墨西哥的多年生草本，别名墨西哥野牡丹。

老鹳草“射蓝”

花朵直径约为 1 厘米的小型老鹳草属植物。有匍匐性，在地上匍匐伸展。

大花葵

株高 1~2 米的锦葵属植物。春播二年生草本，播种后第二年可开花。

矾根

与红花矾根（见第 54 页）同属，是自古就有栽培的品种。

宫灯百合

秋水仙科的春植球根。株高 60~80 厘米，开出直径为 2~3 厘米的黄色花朵。

火燕兰

开出长约 12 厘米的大花，春植球根。别名燕水仙。

孔雀仙人掌

开出花朵直径达 30 厘米的大花。仙人掌的同类。有许多品种。

花叶地锦

也叫红叶爬山虎。为葡萄科的攀缘植物。红叶十分美丽。

夏之花

Summer

夏天，高原这个大自然“庭院”里，开出了百子莲和天蓝绣球。处在中央的树木是斑叶的大花四照花，红叶树为紫叶李

夏之庭

百日菊和向日葵的橙色花色不输明亮的阳光，在夏天的庭院里蓬勃盛开。扶桑的热带气息、睡莲等水边绽放的花朵等，增添了夏天的感觉。牵牛花攀在篱笆上生长，美丽的样子也增添了观赏的乐趣。

夏天的草本庭院。各类绿色草本清新美丽，粉色的是千屈菜

马缨丹“黄光斑”和水甘草

不变的亮黄花色

马缨丹“黄光斑”

半耐寒性常绿小灌木 / 花期： 7~10 月
花色： 黄 / **高：** 15~20 厘米 / **栽种：** 5 月 ~6 月中旬
Lantana‘*Yellow Splash*’/ 马鞭草科

该花是用从德国引进的马缨丹的自然杂交种，在日本埼玉县的花农家培育出来的园艺品种。花呈亮黄色，比一般的马缨丹开花早，开花之后花色不变。植株不高，是适合在容器或是在花坛前面栽种的中型品种，也有带斑的观叶品种。

●栽培要点

能在有光照、温暖的地方生长。生长旺盛，盆栽则每年 5 月左右移植。不耐旱，所以土壤表面干燥的时候要及时浇足水。修剪之后能再次开花。

随着花开，花色会产生变化

马缨丹

别名： 七变化、洋山丹花 / 半耐寒性常绿小灌木 / **花期：** 7~10 月
花色： 黄、橙、红、白 / **高：** 20~200 厘米 / **栽种：** 5 月 ~6 月中旬
Lantana camara / 马鞭草科

原产于美洲热带地区的小型花木。强健，易生长，开花期长，所以从夏天到秋天小球般的花朵会接连开放。除了可用作盆花外，还能用来布置夏天的花坛。有很多花朵持续盛开的过程中会变换颜色的品种在市面上流通，日本称其为“七变化”。

●栽培要点

在有光照、温暖的地方能每年开花。宜在户外有光照、通风良好的地方种植，不耐旱，所以土壤表面干燥时要浇足水。冬天要控制好浇水量并确保最低气温在 7℃左右。

草姿悠然的白蝶草

宛如蝴蝶飞舞的花朵

白蝶草

别名：山桃草、千鸟花 / 耐寒性多年生草本 / **花期：**春至秋
花色：白 / **高：**约 1 米 / **栽种：**3~11 月（严寒时期以外皆可）
Gaura lindheimeri / 柳叶菜科

花的形状像蝴蝶张开翅膀一样，且花色白中带红，因此在日本称其为白蝶草。伸长的茎的先端绽放出呈穗状花序的美丽花朵。强健，易生长，能够从春天到初秋的长时间里享受到赏花的乐趣。可用来布置花坛或做成切花。

●**栽培要点**

喜有光照、排水良好的环境。种子大，需直接播种。严冬时期以外都可播种，根据播种时期的不同，花期也不一样。盆栽的花盆宜用 7 号盆，每盆 1 株，秋天分株。

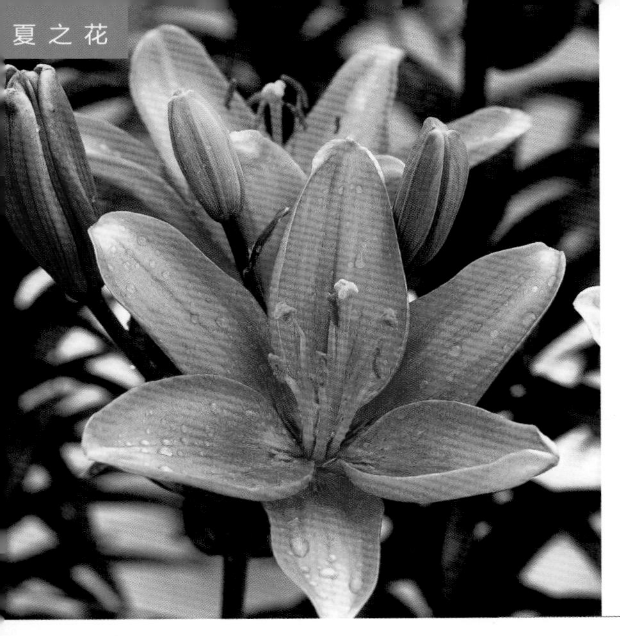

花色丰富，最宜栽种在花坛或花盆里

百合（亚洲百合杂交种）

别名：透百合系列的人工杂交种 / 秋植球根 / **花期**：6 月
花色：红、粉、白、橙、黄 / **高**：60~120 厘米
栽种：10~11 月（生长适温：15~20℃）/ *Lilium* Asiatic Hybrid / 百合科

在以拥有许多品种为傲的百合园艺品种中，是杂交培育出的品种里花量多且朝上绽放的黄花百合型品种。野生品种基本上为橙色，但园艺品种有红、黄等丰富的花色，最近也出现了白色、粉色的品种。

●栽培要点

强健，园艺新手也能容易栽培。宜在富含腐殖质、有光照、排水良好的土壤里深种。开花后摘去残花，要仔细地养护叶子，注意浇水、施肥。尽可能地不挖出球根。

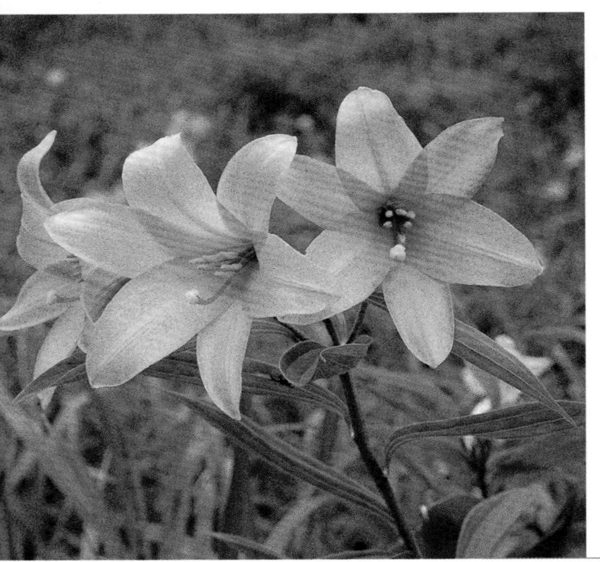

百合王国，在日本的原野里绽放

乙女百合

秋植球根 / **花期**：5~8 月 / **花色**：粉 / **高**：40~120 厘米
栽种：10~11 月（生长适温：15~25℃）/ *Lilium rubellum* / 百合科

在半日阴的山地上开出浅粉色的动人花朵。别名“姬小百合”，在日本本州东北地区的南部到上越地区分布有许多野生种。花朵会散发出高雅的香气。

●栽培要点

喜半日阴，春天需要充足的阳光照射，夏天植株根部不要被阳光照射，需让球根避开高温干燥的环境。如要栽培野生百合，要考虑不同品种适宜生长的环境也有所不同（如需光照还是半日阴的环境），因此需根据实际情况挑选种植的地方。也推荐盆栽栽培。

◀麝香百合
▼麝香百合的园艺品种

切花的代表性百合品种

麝香百合

别名：白百合 / 秋植球根 / **花期**：6 月 / **花色**：白 / **高**：50~100 厘米
栽种：10~11 月（生长适温：15~23℃）/ *Lilium longiflorum* / 百合科

英文名叫“Easter Lily（复活节百合）”，是欧美在复活节的时候不可或缺的花卉。日本名叫“枪百合”，是因为其与以前呈喇叭状的枪长得像而得名。在日本的奄美、冲绳群岛、九州、四国的一部分地区，该品种野生化，也有很多以此为基础培育出来的园艺品种。

●栽培要点

在有光照、排水良好的地方深植球根。为了不让土壤表面干燥，要铺上稻草。寒冷地区在 9~10 月种植。不太耐寒，所以冬天要以填土或覆盖地面的方式来保护植株。

豪华的日本原产百合的杂交种

百合（东方百合杂交种）

别名：日本百合杂交种 / 秋植球根 / **花期**：6~7 月 / **花色**：红、粉、白
高：50~100 厘米 / **栽种**：10 月（生长适温：15~20℃）
Lilium Oriental Hybrid / 百合科

该花是山百合、鹿子百合、日本百合等的杂交种类，杂交原种都是日本原产的百合，所以也叫日本百合杂交种。因为继承了山百合的血统，所以多为花形大、芳香、花呈喇叭状的花卉，适合做成切花。

●栽培要点

需要阳光从树叶间隙透出微光这种程度的半日阴环境，避开夏天干燥、高温的地方种植球根。深植球根，因为球根大，要用 6 号深底花盆种，每盆 1 棵球根。冬天注意不要让植株冻结。

“黛丝”

“西拉”

强健，可任其自由生长

百合（奥列莲杂交种）

别名：小号系杂交种、黄鹿子百合系杂交种 / 秋植球根 / **花期**：6~8 月
花色：红、粉、白、黄、橙 / **高**：50~120 厘米 / **栽种**：10~11 月
Lilium Aurelian Hybrid / 百合科

该花也叫作小号杂交种，是中国原产的岷江百合和鹿子百合的杂交种，抗性强，所以是在庭院里种下后放任几年都能生长的种类。强健，园艺新手可以轻松栽培。开出管状花朵是其特征。

●栽培要点

该系列的百合喜光照。在排水良好、富含腐殖质的土壤里挖出大的种植穴，让负责吸收养分的根部充分伸展开来，深植。要早点将残花摘除。

植株强健，放任不管也能每年都开花

随意草

别名：芝麻花、假龙头花 / 耐寒性多年生草本 / **花期：**7~9 月
花色：粉、白 / **高：**60~120 厘米
栽种：3 月、10 月下旬 ~11 月上旬（生长适温：15~25℃）
Physostegia virginiana / 唇形科

原产于北美洲的多年生草本，从夏天到初秋开出粉色、白色的花朵。穗状花序，花穗长 20~30 厘米，在花坛里栽种也很夺目。而且种下之后即使放任其自由生长，也每年都会开花。除了可以用于布置花坛外，还能做成切花。

●栽培要点

如果种在排水良好、光照充足的地方则不挑土质。栽种宜在 3 月，购买根株栽种。施肥过量植株会因变得过大而倾倒，所以要控制好施肥量。

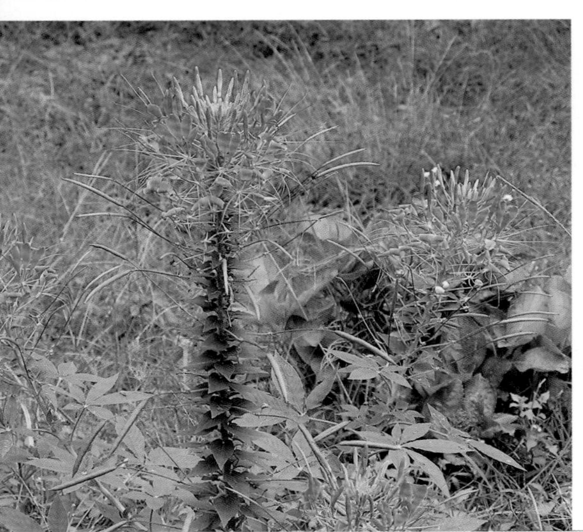

自体播种生长的活力花卉

醉蝶花

别名：西洋白花菜、凤蝶草 / 春播一年生草本 / **花期：**7~10 月
花色：桃、白 / **高：**80~100 厘米 / **栽种：**4 月（生长适温：20~25℃）
Cleome spinosa / 白花菜科

原产于南美洲的一年生草本。4 片花瓣各自有长柄并看起来分离，雄蕊和雌蕊细长凸出，花形独特。犹如蝴蝶翩翩起舞，随风摇曳，清新自然。自体播种，第二年能观赏到美丽的花朵。

●栽培要点

4 月直接播种种子。喜有光照、排水良好、略干燥的土壤，不适合种在湿润的土地。苗生长起来后间苗，间距为 30 厘米。群植在花坛、庭院里可让庭院变得更为美观。

与夏天的花坛相搭的明朗花卉

黄帝菊

春播一年生草本 / **花期：**6~10 月 / **花色：**黄 / **高：**25~40 厘米
播种：4~6 月（发芽适温：20~25℃）
Melampodium paludosum / 菊科

夏天耐热，所以在夏天开花种类急剧减少的时期，是花坛里的重要存在，而且，无论在向阳处还是在半日阴处都能茁壮生长。如要种植在花坛里，株高 25 厘米时会开出许多黄花。露地栽培之外还能盆栽或做成切花。

●栽培要点

如果种在排水良好的地方则不挑土质，喜肥沃的土壤，所以要在土壤里加入腐殖土、堆肥、牛粪等。播种期为 4~6 月。夏天高温期，要注意多湿引起的焖热、缺水等状况。

群植之下非常的美丽

光千屈菜

别名：水柳 / 耐寒性多年生草本 / **花期**：7~9 月 / **花色**：红紫、白
高：约 100 厘米 / **栽种**：3~4 月、10~11 月（生长适温：20~25℃）
Lythrum anceps / 千屈菜科

野生于潮湿地带的多年生草本，常用作盆花。茎直立，株高约 1 米，先端开有紫红色的花朵，为穗状花序。除了可用作切花外还能群植在花坛里，十分美观。在欧美，同属的千屈菜常用来布置花境等。

●栽培要点

春天或秋天栽种。喜湿地，但只要光照充足，在哪里都能栽培。5 月和盛夏时期提前 2~3 天在傍晚浇足水。每 3 年进行 1 次分株或 5 月的时候插芽繁殖。

▲以光千屈菜为中心，种植有迷迭香、常春藤、黄帝菊等植物的花坛

►千屈菜

叶子和花朵可做成色拉食用，美味可口

旱金莲

别名：金莲花、荷叶莲 / 春播一年生草本 / **花期**：6~10 月 / **花色**：红、橙、黄
高：30~300 厘米 / **播种**：4~5 月（发芽适温：15~20℃）
栽种：5 月、9 月（生长适温：15~25℃）/ *Tropaeolum majus* / 金莲花科

原产于南美洲的高冷地区。叶圆且颜色明亮。茎在地表匍匐生长，开出橙色、黄色的花朵。叶、花及没成熟的果实带有独特的辣味，可入药或直接食用。有半重瓣的品种和斑叶品种。

●栽培要点

播种宜在 4~5 月进行。大株不喜移植，所以宜直接播种或是在植株还是小苗的时候定植。种在贫瘠的土壤里反而容易开花，施少量氮肥。

旱金莲与百日菊

旱金莲与矮牵牛、银叶菊、百可花混栽

与日式庭院相搭的花卉

雄黄兰

别名：标竿花 / 春植球根 / **花期**：7~8 月 / **花色**：红、橙、黄
高：60~100 厘米 / **栽种**：3~4 月（生长适温：15~20℃）
Crocosmia / 鸢尾科

从剑形的叶子中长出金针般的花茎，长出如唐菖蒲的小号花朵，呈穗状花序。在日式庭院里种植也十分夺目。花量多，也能做成切花。主要品种有“路西法”（红）、“玛索诺兰”（橙）、“欧蕾亚”（黄）等品种。

●栽培要点

选择有光照、排水良好的地方栽种。耐寒，种植之后放任其生长，几年后开花数量会增加。秋天植株地表部分枯萎后要盖上腐殖土等防霜冻，寒冷地区在叶子变黄之后要起球。

“路西法”

切花里的靓丽角色

满天星

耐寒性多年生草本或秋播一年生草本 / **花期**：6~8 月 / **花色**：红、粉、白
高：90~130 厘米（多年生草本）、50~60 厘米（一年生草本）
播种：9~10 月（发芽适温：15~20℃）
栽种：10 月下旬 ~11 月上旬（生长适温：15~20℃）/ *Gypsophila* / 石竹科

花朵小而多，有股朦胧的美感，可用作切花、布置花坛、盆栽等，享受其中的园艺乐趣。除用作切花的宿根性白花“仙女”之外，还有播种并在花坛里生长的大朵白花品种“科文特花园市场”、红色小朵的“新红”等品种。

●栽培要点

对于多年生品种，要购买盆苗栽种。在有光照、排水良好的地方施石灰或堆肥后栽种。一年生的品种在秋天播种，春天定植。花蕾长出来后控制浇水量。

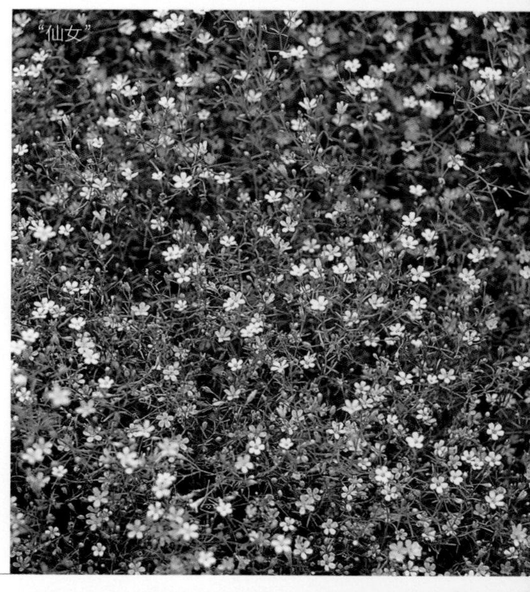

“仙女”

星形花朵，混栽里的高人气花卉

五星花

别名：繁星花 / 半耐寒性多年生草本 / **花期**：5 月下旬 ~11 月
花色：粉、红、白 / **高**：30~130 厘米 / **播种**：3~6 月（发芽适温：20~25℃）
栽种：4 月~6 月中旬、9 月（生长适温：20~25℃）/ *Pentas lanceolata* / 茜草科

野生于热带地区的多年生草本，开直径为 1~2 厘米的星形花朵，呈聚伞花序。

●栽培要点

夏天阳光照射强，或是光照不足都会导致花朵生长不好。要注意防止过湿、施肥过量。勤摘残花，开花后从先端起第 2 节开始修剪，侧枝会接着开花。冬天移到室内管理。可用来布置花坛、混栽等，容易与其他花卉相搭，是园艺界的高人气花卉。耐热，所以整个夏天无休，可以开出可爱的花朵，开花期长，十分有魅力。

埃及众星

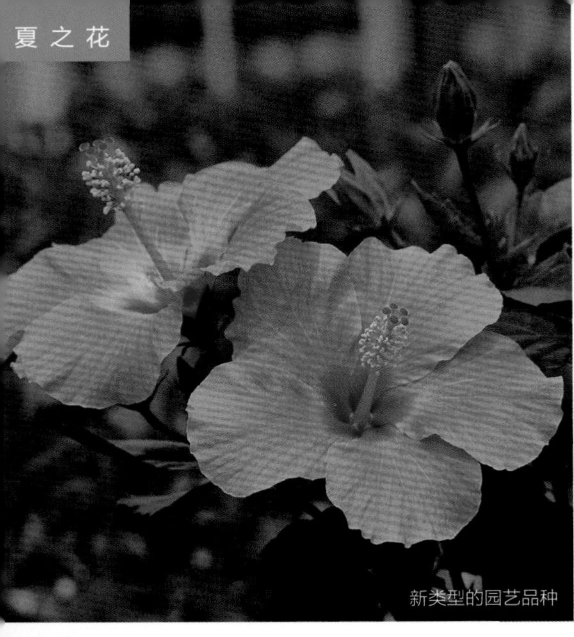

新类型的园艺品种

能感受到度假胜地般的氛围

扶桑

别名：佛桑花 / 非耐寒性常绿小灌木 / **花期**：5~9 月
花色：白、红、橙、黄、粉
高：70~200 厘米 / **栽种**：5~6 月
Hibiscus / 锦葵科

被称为扶桑的园艺品种有 300 多种。有带有楚楚风情的老类型和吊灯扶桑的杂交品种“珊瑚白”、大朵花色丰富的新类型这两大类。

●栽培要点

可以盆栽。放置在日阴处花蕾会掉落，所以宜放置在有光照、通风良好的户外。土壤的表面干燥后浇足水。冬天移至室内，在光照良好的窗边让植株保持微干的状态。

◀近亲品种黄蝉
▼“白悦”

热带攀缘花卉

飘香藤

别名：双腺藤 / 非耐寒性常绿藤本 / **花期**：6~11 月
花色：白、红、橙、黄、粉 / **高**：80~250 厘米 / **栽种**：5~6 月
Mandevilla / 夹竹桃科

原产于美洲热带地区至阿根廷的攀缘植物，一直到霜降都会持续开花。园艺品种有以“巨玫瑰”“夏日连衣裙”等名字流通于市面的玻利维亚飘香藤等，花色丰富。其旧属名“双腺藤”也是飘香藤在市面上的常用名。

●栽培要点

从春天至秋天放置在户外接受阳光充分照射，盆土表面干燥时浇水。每月施 2 次稀释过的含磷较多的液肥。冬天放置在室内保护，室温保持在 10℃以上。

“最红”

种植有草本植物的一角，马齿苋、矮牵牛、金盏花等生机勃勃

用来布置夏天的花坛或栽培在吊篮里

阔叶马齿苋

别名：五行草 / 半耐寒性多年生草本 / **花期：**6~10 月
花色：红、黄、白 / **高：**60~100 厘米
栽种：5 月中、下旬（生长适温：20~25℃）
Portulaca / 马齿苋科

花与开单瓣花大花马齿苋（*Portulaca grandiflora*）相似，草姿与马齿苋几乎完全一样。大花马齿苋在天亮前凋谢，该种过了白天也会长久开放。覆盖地面横向生长，花量多，所以适合布置在花坛边缘或是在吊盆里栽培等，可以享受到赏花的乐趣。

●栽培要点

喜光照充足、略干燥的地方。在多湿环境中植株容易腐烂。每月施 2~3 次稀释过的液肥，避免施肥过量。

▲摩洛哥柳穿鱼
◀宿根柳穿鱼

随风摇曳的美丽花穗

柳穿鱼

别名：姬金鱼草 / 秋播一年生草本或耐寒性多年生草本
花期：5~7 月 / **花色：**红、紫、桃、黄 / **高：**30~100 厘米
播种：9~10 月（发芽适温：15℃）/ **栽种：**4~5 月、10~11 月
Linaria / 车前科（玄参科）

柳穿鱼属植物有一年生草本摩洛哥柳穿鱼，以及茎直立，顶部长有柔和色调的小花，呈穗状花序的高生种宿根柳穿鱼。群植更显美丽。一年生草本品种适合种植在花坛前面或容器里，宿根品种适合种植在花境后面。

●**栽培要点**

喜在向阳、排水良好的环境下生长。土壤表面干燥时要浇足水，注意不要过湿。一年生草本的摩洛哥柳穿鱼要在 9~10 月直接播种或是在花盆里播种，春天定植。

开小花的穗花香科科的同属植物

西尔加香科科

耐寒性多年生草本 / **花期：**6~7 月 / **花色：**紫红
高：45~60 厘米 / **栽种：**春、秋
Teucrium hircanicum / 唇形科

先端长有尖尖的紫红色花穗，为多年生草本。温柔的花姿与婆婆纳相似，并且还要高一些，跟婆婆纳一样不需要光照，所以是栽种范围较广的罕见花卉。通过自体传播种子繁殖，植株强健。不会生长得过于茂盛，挺拔的草姿在管理上也较方便。

●**栽培要点**

在适宜的地方栽种则管理起来比较轻松。耐寒性强，植株强健。但是耐热一般，夏天要放置在通风良好、尽可能凉爽的地方栽培。春天和秋天施肥。

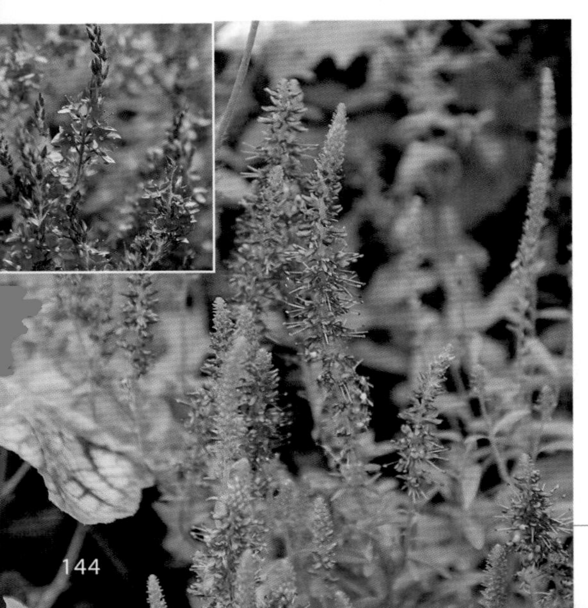

开小花，可爱动人的婆婆纳

婆婆纳“蓝色喷泉”

别名：琉璃虎尾 / 耐寒性多年生草本 / **花期：**6~7 月
花色：蓝 / **高：**30~40 厘米 / **栽种：**春、秋
Veronica austriaca ‘Blue Fountain’ / 车前科（玄参科）

长有鲜明的蓝色花穗，十分清新。是少有的蓝色草花，花色美丽。匍匐生长的茎在地面爬行并立起来绽放出花朵。强健、每年都会增加分枝，呈莲座叶丛状扩展的样子非常美观。

●**栽培要点**

喜光照充足、排水良好的肥沃土壤。梅雨时期比较闷热，宜在通风良好的地方栽种。春天和秋天施肥，在秋天分株。

许多澄澈的蓝色花穗亭亭玉立

穗花婆婆纳

别名：穗花 / 耐寒性多年生草本 / **花期**：6~8 月
花色：蓝、粉、白 / **高**：20~60 厘米 / **播种**：5~6 月（发芽适温：15~20℃）
栽种：9 月（发芽适温：15~22℃）
Veronica spicata / 车前科（玄参科）

原产于欧洲、亚洲北部的多年生草本，直立伸长的茎的先端长有明蓝色的花穗。园艺品种有茎长约 6 厘米的白花穗花，以及深蓝色花穗的“伞房花序”和桃色的“娜娜”等。矮生品种适合在岩石花园里种植，其他品种可用来布置花坛、盆栽或用作切花。

●栽培要点

春天播种，长出 4~6 片真叶的时候定植。喜光照充足、排水良好的地方，排水不良则容易有立枯病，这点要注意。移植的时候进行分株繁殖。

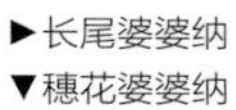

▶长尾婆婆纳
▼穗花婆婆纳

演绎出夏天清晨的清新之感

牵牛

春播一年生草本 / 花期：7~10 月 / **花色：**红、粉、紫、蓝、白
高：20~200 厘米 / **播种：**5 月（发芽适温：20~25℃）
栽种：6 月（发芽适温：20~30℃）
Ipomoea nil / 旋花科

在日本的奈良时代牵牛作为药材从中国传到日本，江户时代开始作为观赏植物来栽培。之后不断改良，成为日本夏天花卉的代表草花。园艺品种有大花牵牛和变化牵牛，后者以桔梗花形闻名。

●栽培要点

种皮硬，所以种前需要浸水 4~5 小时，只种吸水膨胀的种子。水分要充足，盛夏在早晚浇水，但不能过湿。庭院种植时不需要肥料，盆栽时每周施稀释过的液肥 1 次。

“天蓝”

降霜之前花朵一直绽放

三色牵牛

别名：天蓝牵牛 / 春播一年生草本 / **花期：**8 月中旬 ~11 月
花色：白、蓝、紫、粉 / **高：**80~500 厘米 / **播种：**5 月中旬（发芽适温：20~25℃）
栽种：5~6 月（生长适温：18~25℃）/ *Ipomoea tricolor* / 旋花科

原产于热带的非耐寒性一年生草本，虎掌藤属植物。与牵牛不同，叶缘不裂开，叶呈心形。从夏天开始到降霜会持续开花，天气变得凉爽后会在晚上开花。有开出深蓝色花朵的“天蓝”等品种。

●栽培要点

5 月中旬是播种的适宜时期。株高达 15 厘米左右后定植，7 月 ~8 月上旬施液肥 2~3 次。也可以在 5~6 月购买市面上流通的盆苗栽种。

羽衣茑萝

用来装饰栅栏或遮阴

茑萝

春播一年生草本 / 花期：6~9 月 / **花色：**红、桃、白 / **高：**1~2 米
播种：5 月中旬 ~6 月上旬（发芽适温：25℃以上）
栽种：6 月（生长适温：20~27℃）
Ipomoea quamoclit / 旋花科

分布于美洲热带地区的攀缘性一年生草本。茑萝的叶呈羽状深裂，裂片细长如丝。与叶子呈心形的圆叶茑萝杂交培育出羽衣茑萝。除了可栽培在立有支柱的花盆中以外，还能缠绕在篱笆、栅栏等上面，用来遮阴。

●栽培要点

5 月后播种，直接播种到花坛里或播种到塑料花盆里育苗。盆苗在藤条开始长出来后趁早移植，缠绕在篱笆或栅栏上。

种在吊盆里或作为地被植物

田旋花

春播一年生草本或半耐寒性多年生草本 / 花期：5~9 月 / **花色：**紫、蓝、红、白
高：30~100 厘米 / **播种：**4~5 月（发芽适温：20~25℃）
栽种：5~6 月（生长适温：15~25℃）
Convolvulus / 旋花科

以地中海沿岸地区为中心，分布在欧洲的攀缘植物，是三色旋花的同属植物，园艺品种“蓝地毯”能开出明亮的紫色花朵。因为具有匍匐性，所以适合栽种在吊盆里或作为地被植物及栽种在大型容器里与其他植物混栽。

●栽培要点

喜阳，比较抗寒耐热，所以宜在通风良好、光照充足的户外种植。喜排水良好的肥沃土壤，不喜多湿的环境。从春天到初夏，每月施稀释的液肥 1~2 次。

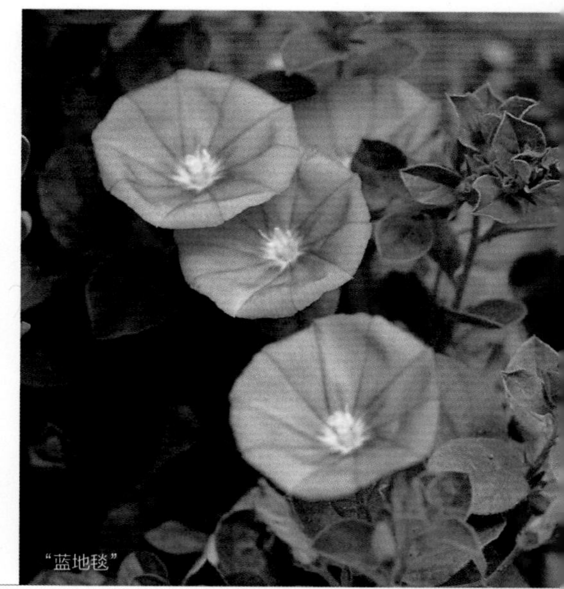
“蓝地毯”

花开满园

蔓金鱼草

别名：鸾叶桐葛 / 非耐寒性多年生草本 / **花期：**5~11 月
花色：紫、粉、白 / **高（攀缘）：**2~3 米 / **播种：**4~5 月（发芽适温：20~25℃）
Asarina / 车前科（玄参科）

野生于北美洲和欧洲，有攀缘性，围绕着叶柄和花柄生长。花呈钟形，原为多年生草本，但在日本被归为一年生草本。适合栽种在吊盆或环形爬藤架里，也可以种植在岩石花园里让其匍匐生长。

●栽培要点

在光照充足、排水良好的地方播种则花能一直开到晚秋时期。在温室里栽培则为多年生草本，藤蔓能伸长到5米以上，枝叶繁茂，开出许多花朵。通过插芽繁殖。

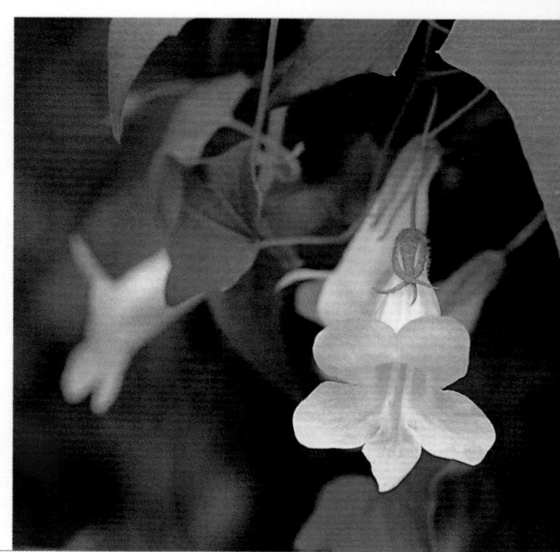

结出像绿色气球一样的果实

倒地铃

春播一年生草本 / 花期：5~9 月 / **花色：**白 / **高：**约 3 米
播种：4 月下旬 ~5 月（发芽适温：20℃）/ *Cardiospermum halicacabum* / 无患子科

叶腋长有带卷须的花序，开出长约 5 毫米的小花，之后结出直径为 3 厘米左右的像绿色气球般的果实。果实里面有可爱的种子。叶子呈羽状浅裂，带有一丝清爽感。将其栽培成篱笆可用来遮阴。

●栽培要点

4 月下旬 ~5 月播种到塑料花盆等容器里。长出 2~3 片真叶的时候，在光照充足、排水良好的栅栏、格形篱笆等地方种植。不怎么施肥也能茁壮生长。

倒地铃的果实

美丽的莲花

形似蜂巢的莲蓬

小型碗莲

象征圣洁、美好的花

莲

水生植物 / **花期**：7~8 月

花色：白、粉、黄 / **高**：100~120 厘米

栽种：3 月中旬 ~5 月下旬

Nelumbo nucifera / 莲科

地下茎即莲藕可食用。从淤泥里的地下茎中长出茎，在水面上露出叶子。其因形如蜂巢状的花托而得名莲蓬。叶子圆形能盛水，上面可能有水滴。园艺品种有小型的碗莲等。原产于印度，是印度的国花。

●栽培要点

在光照充足的地方，大型品种种在直径为 50 厘米、小型品种种在直径约 30 厘米的睡莲盆中，加入肥沃的田土，混合缓效性肥料然后种上根茎。水深约 20 厘米，长出几片叶后施追肥。越冬时不要让植株缺水。

花朵美丽的热带睡莲

让人想看美丽的睡莲在水景园中绽放的姿态

睡莲

耐寒性、非耐寒性水生植物 / **花期**：5~9 月、7~10 月

花色：白、粉、黄、橙、蓝、紫 / **高**：5~20 厘米 / **栽种**：3 月中旬 ~4 月

Nymphaea / 睡莲科

从地下茎中长出长茎，在水面上浮着圆形带刻痕的叶子。从根茎处长出花茎，在先端开出花朵。有耐高温的热带睡莲和耐寒的温带睡莲。小型的姬睡莲可以在阳台栽培。

●栽培要点

春天将带芽的根茎种在浅盆里。在田土和赤玉土中混入缓效性复合肥料，浅种，到能看到生长点的程度，在直径大的容器里装水，将整个盆沉入水中。重要的是要放在光照充足的地方。

在池塘或水槽里漂浮的美丽花卉

凤眼蓝

别名：水葫芦、水浮莲 / 浮水草本（多年生草本）/ **花期**：7~8 月
花色：浅蓝 / **高**：约 20 厘米 / **栽种**：5~6 月（生长适温：10℃以上）
Eichhornia crassipes / 雨久花科

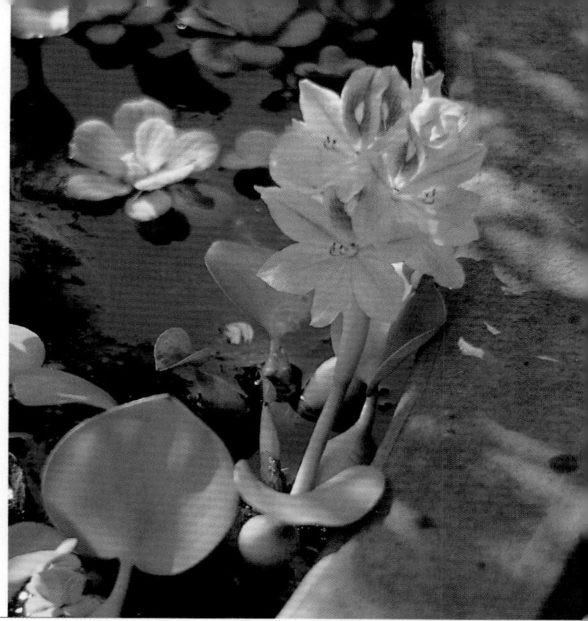

过去常漂浮在金鱼缸里，增添一种夏天的特有风情。繁殖能力旺盛，会造成社会公害，所以现在很少在池塘中栽培。叶圆形带有光泽，叶柄的基部膨胀如浮袋。植株漂浮在水面上，与夏天相搭的水蓝色花朵清新、美丽。

●栽培要点

在玻璃缸里加水让植株漂浮，叶子具有观赏价值。赏花的时候需要土壤，保持水深 10~20 厘米，并加入培养土以让根在里面伸展开来。

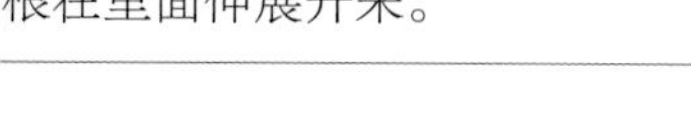

夏天的清凉水草

梭鱼草

别名：海寿花 / 耐寒性多年生草本 / **花期**：6~9 月 / **花色**：蓝
高：80~100 厘米 / **栽种**：4 月
Pontederia cordata / 雨久花科

茎上开出水蓝色的小花，穗状花序，是在凉爽夏日里开花的挺水草本。原产于北美洲南部，日本最初是作为切花材料引进的，近年也有在水景园里栽培的。在浅水底的土壤里生根，茎生长到 1 米左右会在水上开出花朵。

●栽培要点

放入浅水花盆里培育，或是在水深 20 厘米左右的水盆里放入培养土后定植。将花盆长期浸在盛水的水盘中，为植物供水。采用这种管理方法一般都能成功进行盆栽。

最宜在水边生长的花卉

星光草

别名：白鹭莞、星光莎草 / 半耐寒性多年生草本 / **花期**：5~10 月
花色：白 / **高**：30~60 厘米 / **栽种**：4~6 月（生长适温：15~25℃）
Rhynchospora colorata（=*Dichromena cloprata*）/ 莎草科

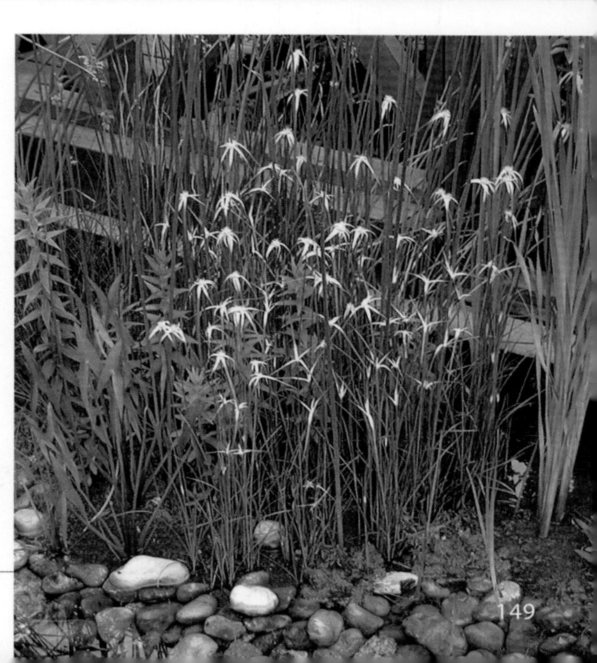

原生于北美洲东南部的潮湿草原、湿地。从地下茎开始生长出叶子，从中长出花茎，花茎的先端长出的总苞为白色。除了可以作为水草栽培外，因为开花期长，所以在容器中栽培的方式也受到园艺人士的欢迎。也能种在水盆里栽培享受园艺的乐趣。

●栽培要点

将植株放入盛有水的容器，不缺水的条件下也可盆栽。从春天至秋天宜放在向阳处，只要不冻结，仅靠根茎也能越冬。移植在 4 月上旬进行，同时进行分株。

伞形花序的蓝色花朵

百子莲

别名：紫君子兰 / 耐寒性多年生草本 / **花期**：4~8 月
花色：粉、紫、蓝、白 / **高**：30~150 厘米
栽种：9 月、3 月（生长适温：15~20℃）
Agapanthus / 石蒜科（百合科）

原产于南非，是易生长的多年生草本。有株高超过 1 米的大型品种和株高 30 厘米左右的小型品种。除了种植在花坛里还能将大株种植在容器里，十分漂亮。对于小型常绿耐寒性差的品种、耐寒性强的品种等，根据品种的性质不同，栽培方式也有所不同，这点要注意。

●栽培要点

只要种在排水良好、光照充足的地方，就不太挑土质。稍微半日阴的地方也能生长。不喜夏天的高温和冬天的寒风，所以要做好保护工作，如给植株根部铺好稻草等。

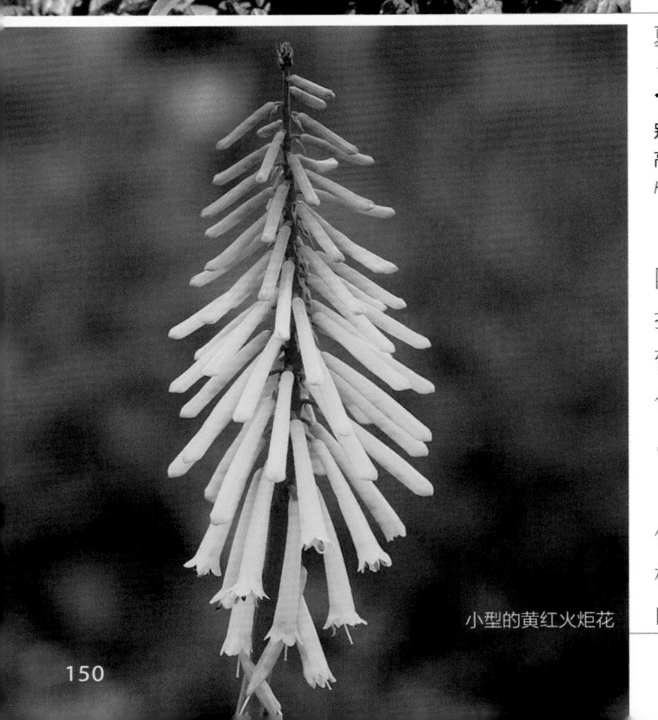

小型的黄红火炬花

夏天花坛和庭院里的亮点

火炬花

别名：火把莲 / 耐寒性多年生草本 / **花期**：6~10 月 / **花色**：红、黄、白
高：60~150 厘米 / **栽种**：3 月（生长适温：15~25℃）
Kniphofia / 日光兰科（百合科）

长有许多独特的筒状小花，为穗状花序，最宜作为庭院里的点睛之笔。既忍耐得了夏天高温多湿的气候，也能抗冬天的寒气，若有积雪覆盖，在寒冷地区也能越冬。花蕾呈深红色，绽放后会变成黄色，所以花穗的上部分为红色，下部分为黄色，看起来像双色花。

●栽培要点

春天购买苗株，在有光照、排水良好的地方种植。放任其自由生长也没问题，但是在第 3~4 年的时候要进行分株，这样可以让花更亭亭玉立。在没有积雪的寒冷地区，晚秋时期提前做好培土。

可用作夏天的盆花或种植在庭院里

姜黄

别名：郁金、莪术 / 春植球根 / **花期：**8~9 月 / **花色：**红、粉、白
高：30~100 厘米 / **栽种：**4 月末 ~5 月（生长适温：20~25℃）
Curcuma / 姜科

分布于从印度到东南亚、澳大利亚等地区，约有 60 个品种，在冲绳姜黄（郁金）自古就作为药材来栽培。姜荷花的玫瑰粉的花苞非常美丽，是作为切花、盆花材料的高人气品种。

●栽培要点

姜荷花和观音姜等品种比较适合盆栽。宜种在光照充足的室内，保持温度、湿度较高的环境。晚秋断水，叶子枯萎后起球，移到 8℃以上的地方越冬。

▲姜黄“露暮恩”
◀可用作切花的小型品种

可观赏白色的花朵与叶子的植物

白鹤芋

别名：苞叶芋 / 非耐寒性多年生草本 / **花期：**全年 / **花色：**白
高：30~100 厘米 / **栽种：**5~6 月（生长适温：20~25℃）
Spathiphyllum / 天南星科

花为带白色佛焰苞的肉穗花序，散发出甜蜜花香。与绿色的叶子形成鲜明的对比，十分清新，是观叶植物中的高人气盆栽之选。可做成切花。夏天，将园艺品种“玛丽”种在容器或玻璃容器里，可享受到观赏的乐趣。

●栽培要点

从春天到秋天放置在明亮的日阴处，冬天则在窗边培育。喜多湿环境，但不喜土壤过湿。佛焰苞从白色变成绿色后，要剪掉带花茎的根部。每 1~2 年进行分株繁殖。

可观赏到色彩各异的佛焰苞

马蹄莲

别名：海芋 / 春植球根 / **花期：**6 月中旬 ~7 月 / **花色：**粉、黄、白
高：30~60 厘米 / **栽种：**4 月下旬 ~5 月上旬（生长适温：15~25℃）
Zantedeschia / 天南星科

南非有 8 个原生的野生品种，湿地性的种类只有马蹄莲这一个品种。其他品种都宜种在排水良好的地方。以开粉色小花的红马蹄莲等原生品种为基础培育出的杂交马蹄莲也是园艺品种的一种。

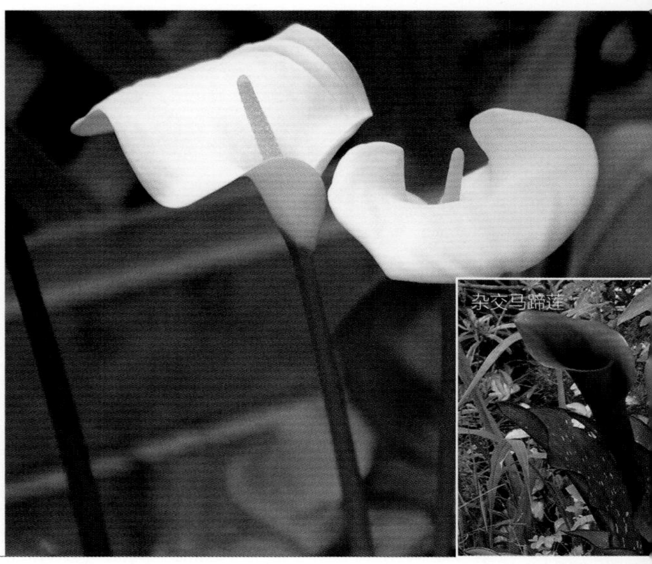
杂交马蹄莲

●栽培要点

马蹄莲以外的品种喜欢微干的土壤，所以在土壤里要多加一些缓效性肥料，深耕栽种。每 3~4 年在 4 月上、中旬将植株移植到新的地方。

群植美观的多年生草本

大花萱草

别名：金针菜 / 耐寒性多年生草本 / **花期：**6~8 月
花色：红、粉、橙、黄、紫、白 / **高：**30~120 厘米
栽种：9~10 月（生长适温：15~25℃）
Hemerocallis / 萱草科（百合科）

分布于东亚的多年生草本，是北萱草、黄花菜、萱草的同类。这些花卉都是一日花，但是改良品种能生出许多花蕾，所以开花期也变长。花色丰富并有带镶边、条纹的品种，以及开重瓣花、带香气的品种等。

●栽培要点

秋天栽种，将带有 2~3 个芽的植株叶子剪去一半栽种。夏天最好在有日阴的地方栽培。喜含腐殖质多的土壤，所以在种植的地方要先放入一些堆肥。

韭莲

夏、秋开花的动人小球根

葱莲

别名：玉帘、葱兰 / 春植球根 / **花期：**5~10 月 / **花色：**红、粉、黄、白
高：10~25 厘米 / **栽种：**4 月（生长适温：15~25℃）
Zephyranthes / 石蒜科

从前就栽培有的品种有原种白葱兰（玉帘）和韭莲（韭兰）。除了耐寒性强的玉帘和能在温暖地带露地种植的韭兰外，其他品种都得在晚秋时期起球。

●栽培要点

露地种植的情况下，宜种在光照充足、富含腐殖质、排水良好的土壤里。覆土浅，干燥时灌足水。盆栽时宜在每个 4 或 5 号盆里放 5~10 棵球根。

密植栽培更显美丽

美花莲

春植球根 / **花期：**7~9 月 / **花色：**粉、黄 / **高：**15~30 厘米
栽种：4 月（生长适温：15~22℃）
Habranthus / 石蒜科

分布于南美洲的常绿球根植物。从夏天到初秋，1 棵球根长出 2~3 根花茎，每个花茎带有 1~2 朵黄色或粉色的花朵。在岩石花园等地密植十分美观。盆栽时用 5 号盆，每盆种约 5 棵球根。

●栽培要点

4 月，挑选光照充足、排水良好的地方栽种。不需要特别挑选土质，有耐寒性，日本关东以西地区可在露地种植的状态下越冬。寒冷地区在 10 月起球保存。

日式、欧式都相搭的球根花卉

万花筒射干

别名：糖果鸢尾 / 秋植球根
开花期：3~5 月 / **花色**：黄、橙
高：20~40 厘米 / **栽种**：9~10 月
Pardancanda norrisii / 鸢尾科

与射干长得相似，会长期开出美丽花朵，花色为紫色等复杂的中间色调。是自古就有栽培的射干和广泛分布于东亚的鸢尾科植物野鸢尾的属间杂交种。有多个园艺品种。耐热耐干旱，不怎么有病虫害，是强健的宿根花卉。

● **栽培要点**

尽可能地种在全天光照良好的地方。与其他植物混栽的时候注意不要让万花筒射干的叶子遮挡住其他植株的阳光。因为喜排水良好的土壤，所以把土堆高后种植或者在高架苗床的花坛上种植都可以。冬天植株的地上部分会干枯。

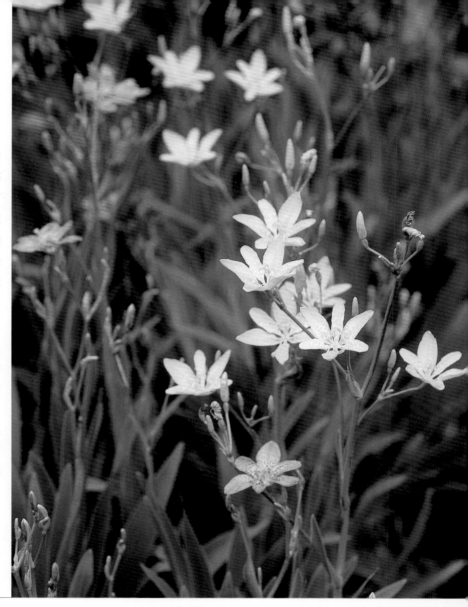

种在草坪和庭院里也非常合适

桔梗

别名：铃铛花 / 耐寒性多年生草本 / **花期**：6~8 月 / **花色**：粉、紫、白
高：40~100 厘米 / **栽种**：3~4 月（生长适温：15~25℃）
Platycodon grandiflorus / 桔梗科

成排种植的话，可成为与欧式庭院相搭的清新宿根花卉花坛。可做成切花。普通品种的花色为蓝紫色，也有白色、粉色，还有重瓣品种。

● **栽培要点**

喜光照充足的肥沃土地，即使在只有半天有光照的地方也能很好地生长。夏天干旱的话植株会变弱，在容易干旱的地方应在植株根部铺上稻草等保护植株。分株之外，还可以通过4月播种或是6月插芽进行繁殖。

与太阳和蓝天相搭的花朵

向日葵

别名：太阳花 / 春播一年生草本 / **花期**：6~10 月 / **花色**：红、橙、黄
高：30~300 厘米 / **播种**：4~6 月（发芽适温：15~20℃）
栽种：4~5 月、10~11 月（生长适温：15~25℃）
Helianthus annuus / 菊科

开出金黄色大花的向日葵，与夏天的庭院相搭，并能茁壮成长。除了做成切花外，也可以把矮生品种群植在花坛里，或是栽种在花盆里进行观赏。英文名“Sun flower”及属名“*Helianthus*”都有“太阳花”之意。

●栽培要点

在有光照、排水良好的肥沃土壤里易栽培。不喜移植，所以要直接播种，或是播种到花盆里将长出来的苗株定植。喜多肥，所以每月要施 2 次复合肥料。

▲重瓣品种“金色太阳”

▲“红磨坊”

◀“阳光柠檬”

▲“意大利白向日葵”

在日本以虾夷菊的名字而为人所熟知的美丽花朵

翠菊

别名：虾夷菊、翠蓝菊 / 一、二年生草本 / **花期**：5~8 月
花色：红、粉、黄、紫、白 / **高**：30~100 厘米
播种：4 月、9 月下旬 ~10 月中旬（发芽适温：15~20℃）
栽种：4~6 月（生长适温：15~20℃）/ *Callistephus chinensis* / 菊科

原产于中国北部，英文名叫“China aster”，园艺上所说的“aster”一般都是指翠菊。在日本江户时代开始栽培该类花卉，夏天常用作切花，在欧美也流行改良的品种。品种数量多，花色各异，成为该花的特色。

●**栽培要点**

不喜连作，一旦在一个地方种植 5~6 年，就尽量避免原地再种。育苗要在通风良好、光照充足的地方管理，长出 5~6 片真叶的时候进行定植。不耐夏天高温多湿的气候。

适合布置花坛、作为切花材料的圆锥形花朵

一枝黄花

别名：加拿大一枝黄花 / 耐寒性多年生草本 / **花期**：6~9 月
花色：黄 / **高**：约 1 米 / **栽种**：3~4 月、10~11 月
Solidago / 菊科

与北美一枝黄花同属的原产于北美洲的多年生草本，小花组成头状花序，又形成展开的圆锥花序，簇拥绽放。株高约 1 米，但因为植株小且繁殖能力强，常用来布置花坛、作为切花材料，有很多园艺品种在市场上销售。茎上部的圆锥花序从初夏开始开花。开花后进行修剪，秋天能再次开花。

●**栽培要点**

3~4 月或 10~11 月进行分株。选择在光照充足的地方栽种，控制好施肥量，能培育出强健的植株。

适合做成切花的独特花朵

一枝菀

耐寒性多年生草本 / **花期**：7~10 月 / **花色**：黄 / **高**：60~70 厘米
栽种：3~4 月、10~11 月（生长适温：15~25℃）/ *Solidaster luteus* / 菊科

原产于北美洲的一枝黄花属（*Solidago*）和紫菀属（*Aster*）的属间杂交品种。从夏天到秋天在茎的顶部长出许多黄色的小花，非常华丽。耐寒、耐热性强，除了适合布置夏天的花坛外，因为花直立、美观，所以也非常适合作为切花材料。

●**栽培要点**

3~4 月或 10~11 月购买盆苗，在光照充足、排水良好的花坛里栽种。植株生长起来后，在旁边搭上支架进行简单管理，就可让植株茁壮生长。每 2~3 年在秋天或春天进行 1 次分株。

能够持续绽放，开花期长是其魅力之所在

百日菊

别名：百日草 / 春播一年生草本 / **花期**：7~11 月 / **花色**：红、粉、橙、黄、白
高：30~100 厘米 / **播种**：4 月中旬 ~7 月（发芽适温：18~23℃）
栽种：5~6 月、9 月（生长适温：15~25℃）
Zinnia elegans / 菊科

正如其名，从夏天到晚秋花朵持续绽放，常用来布置花坛，也可种植在方形花盆里或是作为家庭切花材料。喜充足的光照、高温干燥的气候，是容易栽培的草花。原产地位于墨西哥的高原地带，改良后的品种花色丰富、花形多样。

●**栽培要点**

一般播种时间以气温在 15℃以上为宜，5 月以后播种也能生长。长出 5~6 片真叶的时候定植。持续干旱的情况下，花朵会变小，所以要补充充足的水分。勤摘残花。

花色柔和，适合种植在花坛里

紫松果菊

别名：紫锥菊 / 耐寒性多年生草本 / **花期**：5~8 月 / **花色**：紫、紫红、白
高：60~100 厘米 / **播种**：3~10 月（发芽适温：15~25℃）/ *Echinacea purpurea* / 菊科

原产于北美洲的多年生草本，叶大互生，茎先端长有直径为 10 厘米的花朵。若管状花为紫褐色的，则盘边的舌状花为紫色，微微向下开放。若管状花为暗红褐色的，则盘边的舌状花为紫红色到白色之间的色调。可用于布置花坛、盆栽或作为切花材料。

●**栽培要点**

除了在春天播种外，也能在春天进行分株繁殖。宜选择光照充足、排水良好的地方，加入堆肥和腐殖土等并堆实，然后在富含腐殖质的土壤里栽种。

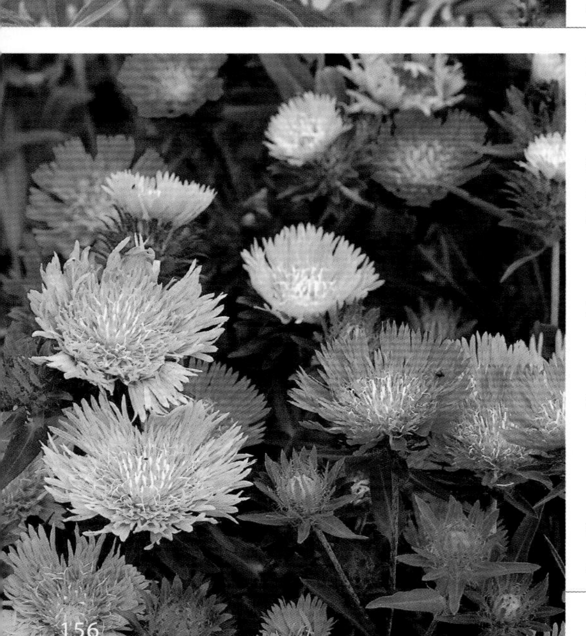

给夏日天空带来清凉感的琉璃色花卉

琉璃菊

别名：斯氏蓝菊 / 耐寒性多年生草本 / **花期**：6~10 月 / **花色**：红、粉、紫、白
高：40~50 厘米 / **栽种**：9 月、3 月（生长适温：15~25℃）
Stokesia laevis / 菊科

原产于北美洲的多年生草本 ，分枝的花茎先端有与矢车菊相似的直径约为 7 厘米的蓝紫色花朵，呈头状花序。花从梅雨时期一直开到秋天。又因为植株强健，除了种植在花坛外，也是夏天作为切花的高人气材料。

●**栽培要点**

春天或秋天购买盆苗栽种。在有光照、排水良好的地方能很好生长。但是在极端干旱的环境下，叶子会干枯。3 年后能长成大株，所以要以每 3 个芽为 1 组进行分株移植。

持续开放到晚秋的强健花卉

小百日菊

别名：狭叶百日菊 / 春播一年生草本 / **花期**：7~11 月
花色：橙、黄、白 / **高**：30~100 厘米
播种：4 月中旬 ~8 月（发芽适温：15~25℃）
栽种：5~9 月（生长适温：15~25℃）
Zinnia linearis / 菊科

小百日菊是百日菊的近亲品种，在日本又叫“本叶百日草”，茎和叶细，是株高约 30 厘米的矮生品种。会分枝并在地面匍匐生长开来，所以在花坛里群植非常好看。到降霜之前会一直开花，盛夏时期花量会减少，但天气变凉爽之后会再次开出许多花朵，颜色会变得更美。

●栽培要点

在气温 15℃以上的环境下播种，发芽后要让植株接受充足的阳光照射。长出 5~6 片真叶的时候定植，若定植晚了，植株会生长不良。所以要提早种植并施肥。持续干旱的情况下要浇足水。勤摘残花。

多彩的百日菊属植物

多花百日菊

春播一年生草本 / **花期**：7~11 月
花色：红、粉、橙、黄、白 / **高**：30~50 厘米
播种：4 月中旬 ~5 月（发芽适温：15~25℃）
栽种：5~9 月（生长适温：15~25℃）
Zinnia profusion / 菊科

多花百日菊是百日菊和小百日菊种间杂交培育出的品种。生长旺盛、易栽培，耐热耐寒耐干旱，即使光照少，花朵也不会褪色。开花期长，新开的花朵接连不断地绽放，足以覆盖掉枯萎的花朵。

●栽培要点

发芽后让植株接受充足的阳光照射。5 月以后直接播种也能容易生长起来。耐热，但持续干旱的环境会让植株衰弱，叶子有些枯萎的时候要浇足水。

容易在容器中栽种的多花百日菊

清新的球状花卉

硬叶蓝刺头

别名：蓝刺头、漏芦 / 耐寒性多年生草本 / **花期**：7~8 月
花色：紫蓝 / **高**：80~100 厘米
播种：5~6 月（发芽适温：约 20℃）
栽种：10~11 月（生长适温：15~20℃）/ *Echinops ritro* / 菊科

头状的花形会让人联想到圆圆的刺猬，所以学名在希腊语中有“像刺猬”的意思。通常栽培的品种为原产于从东欧到西亚地区的硬叶蓝刺头，带刺的球状花朵直径为 3~5 厘米，为头状花序。除了用来布置夏天的花坛外，还能做成切花、干花。

●栽培要点

喜冷凉干燥的气候，不喜夏天高温多湿的环境。5~6 月播种，秋天在排水良好的地方栽种。因为喜弱碱性的土壤，所以栽种之前要施石灰。

◀硬叶蓝刺头

▲扁叶刺芹

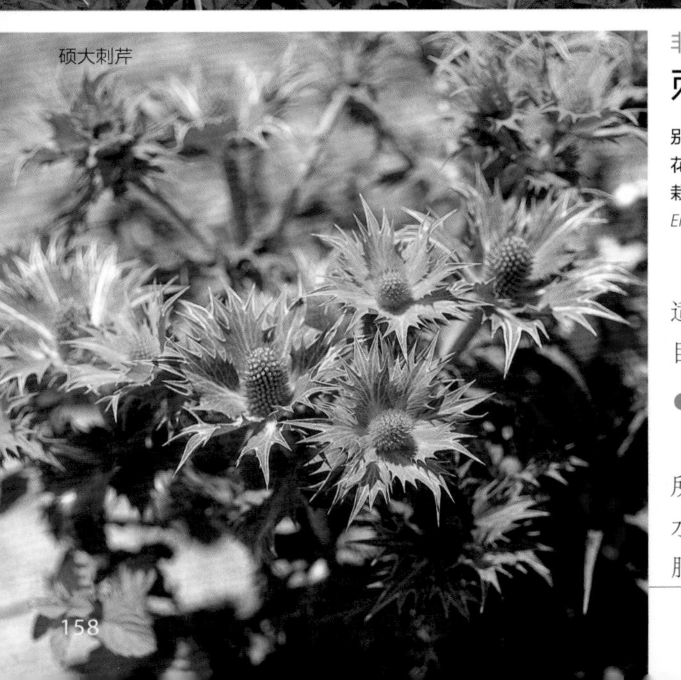

硕大刺芹

非常适合做成干花的花卉

刺芹

别名：假芫荽、伞形蓟 / 耐寒性多年生草本 / **花期**：6~8 月
花色：紫、白 / **高**：40~100 厘米 / **播种**：5 月（发芽适温：15~20℃）
栽种：3 月~4 月上旬、9 月下旬 ~10 月上旬（生长适温：15~20℃）
Eryngium / 伞形科

叶子分裂，带刺，花和茎为银紫色或银绿色。花量多，适合用来布置花坛，作为切花、干花的材料也很美丽夺目。苞片呈蕾丝状扩张生长的高山刺芹也常被栽培。

●栽培要点

春天或秋天购买苗株后种植。不耐高温多湿的气候，所以在寒冷地区以外的地方建议盆栽。在光照充足、排水良好的地方种植，铺上稻草以控制地温。要控制好施肥量。

与洋蓟相像的蓟

刺苞菜蓟

耐寒性多年生草本 / 花期：7~9 月 / **花色**：紫蓝 / **高**：150~200 厘米
播种：4~5 月（发芽适温：20℃）
栽种：4~5 月、9~11 月（生长适温：15~25℃）
Cynara cardunculus / 菊科

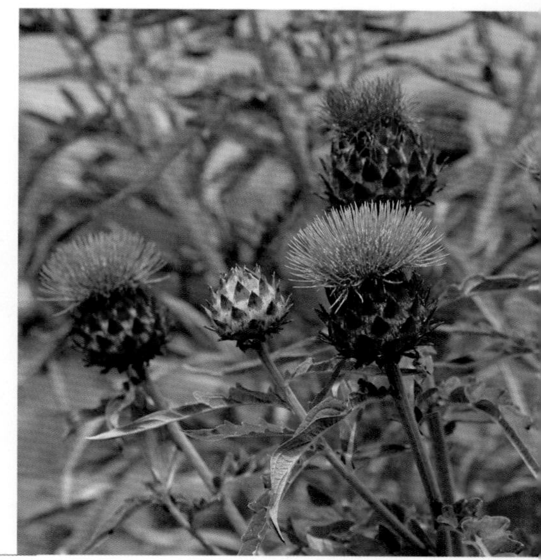

与蓟和洋蓟相像，长有紫蓝色的花朵。原产于地中海沿岸地区，从前就常作为蔬菜被食用。可以煮带刺的叶柄来吃，略带苦的独特风味。

●栽培要点

将种子点播到花盆里，长出 6 片左右真叶时，移到有光照、排水良好的地方栽种。植株变大后根也会展开，所以种植前宜松好土。植株间距在 80 厘米以上。喜肥沃的土壤，宜提前施好有机肥料。

可装饰夏天的宿根花卉花坛，或做成切花

蛇鞭菊

别名：麒麟菊 / 耐寒性多年生草本 / **花期**：6~9 月
花色：红、粉、紫、白 / **高**：90~150 厘米
栽种：10 月、3 月（生长适温：15~25℃）
Liatris / 菊科

分布于北美洲，约有 30 个品种，为多年生草本。日本最常见的栽培品种为蛇鞭菊（麒麟菊）。从夏天到秋天长出又密又长的穗状花序，小花朵齐放。适合作为切花材料，几株一起种植也十分美观。比较容易招蜂引蝶。

●栽培要点

喜光照充足、排水良好的地方，不喜连作。夏天为防干旱要铺上稻草。秋天进行分株，3~4 月播种，秋天在长出几片真叶后定植。

适合做成干花的花卉

银苞菊

别名：贝细工 / 春播一年生草本 / **花期**：6~7 月 / **花色**：黄、白
高：60~80 厘米 / **播种**：3 月下旬 ~4 月（发芽适温：15~20℃）
栽种：5 月（生长适温：15~22℃）/ *Ammobium alatum* / 菊科

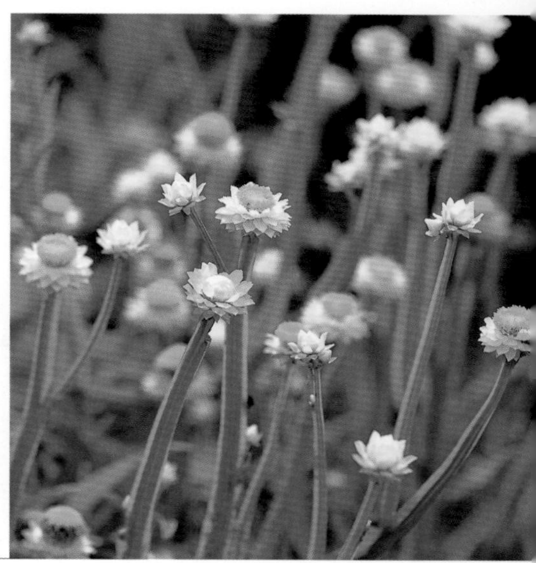

原产于澳大利亚的一年生草本，带翼的茎上叶子互生，茎的先端开有粗糙的白色或黄色花朵。管状花，白色花瓣状的部分实际是总苞片。适合做成干花，但是花色比较普通，所以较少有人会去栽培该花。

●栽培要点

春天播种。在光照充足、排水良好的地方则不挑土质，能茁壮生长。要做成干花，则需要在开花之后趁早剪花，将剪下的几朵花收集倒吊着晾在日阴处。

一串红

从单一的红色渐变成蓝色或紫色

一串红

别名：爆仗红→绯衣草、朱唇→红花鼠尾草
耐寒性多年生草本或一年生草本 / **花期**：6~10 月
花色：红、粉、紫、白 / **高**：30~100 厘米
播种：4~5 月 / *Salvia* / 唇形科

种类非常多的鼠尾草属植物，英文还称其为“Sage（贤者）”，也有许多品种可作为草药使用。日本最常见的品种是一串红，有着犹如燃烧的火焰一般的绯红色花朵。之后还培育出了粉色、深紫色、白色等各种花色的品种。最近除了紫色的深蓝鼠尾草、朱唇（红花鼠尾草）等品种之外，也栽培出了许多其他品种，为庭院增添了许多原野趣味。

●栽培要点

无论哪个品种都强健易栽培，能长期接连不断地开花。户外播种最早也要 4 月下旬以后。因为发芽率不高，播种的时候最好多撒点种子。栽培时要注意防止缺肥、干旱的情况。

锡那罗亚鼠尾草

深蓝鼠尾草

在英语里有“Common sage（普贤）”之称，可作为草药使用的一串红也有“药用鼠尾草”之称

三色鼠尾草

朱唇

◀拟美国薄荷
▼美国薄荷

形如篝火的花卉

美国薄荷

别名：松明花、矢车薄荷 / 耐寒性多年生草本
花期：7~9 月 / **花色：**红、紫红、粉、白 / **高：**50~100 厘米
播种：4 月（发芽适温：15~20℃）/ **栽种：**3~4 月（生长适温：15~25℃）
Monarda / 唇形科

耐寒性、耐暑性强的多年生草本，其中具有观赏价值的品种有美国薄荷（松明花）和拟美国薄荷（矢车薄荷）等。开花期长，从夏天一直开到秋天。除了可以在庭院里种植、做成切花外，还能作为草药使用。

●栽培要点

强健、易栽培，无论在光照充足的地方还是稍微带点日阴的地方都能很好地生长。若环境略带湿度，则不挑土质。繁殖能力强，要在长成大株之前进行分株。春天播种。

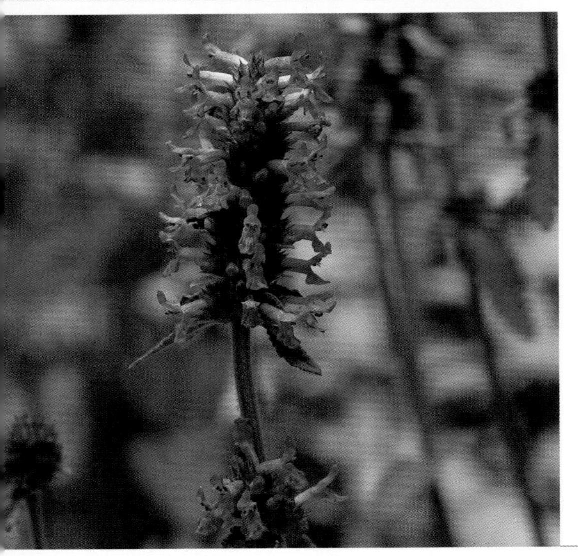

带有香气的草本植物

猫薄荷

别名：樟脑草、凉薄荷、小薄荷 / 耐寒性多年生草本 / **花期：**6~8 月
花色：紫蓝、粉、白 / **高：**约 100 厘米 / **播种：**4~5 月、9 月（发芽适温：15~21℃）
栽种：春（生长适温：15~25℃）/ *Nepeta cataria* / 唇形科

小花呈穗状花序绽放的草本。圆形叶子的边缘为锯齿形，手感轻柔，随风摇曳。因为猫很喜欢其散发的强烈香气，故而得此名。做菜时可添加进食材里，干燥后的猫薄荷可作为猫的玩具。

●栽培要点

如果是光照充足、排水良好的环境，则不挑土质。要控制好施肥、浇水量。栽种的时候及冬天要施有机肥料。不仅可通过分株、插芽更新植株，还能通过植物的自体传播进行繁殖。

银色的叶子具有观赏价值

银香菊

别名：银灰菊 / 常绿小灌木 / **花期：**5~7 月
花色：黄 / **高：**30~50 厘米 / **栽种：**4~6 月
Santolina chamaecyparissus / 菊科

在南欧到北非的干旱地带野生的一种草本植物。整株会散发出香气。叶厚，被棉毛，银叶。可作为地被植物或是种植在容器里与其他植物混栽。初夏的时候茎直立，开出黄色的头状花朵。

●栽培要点

在光照充足、通风良好的地方种植。耐旱，但是不耐高温多湿的气候，夏天要注意防止闷热的天气影响植株生长。寒冷时期反而会比较强健，日本关东以西地区则可以露地栽培越冬。

开出黄色的花朵，是鼠尾草的近亲品种

橙花糙苏

别名：耶路撒冷鼠尾草 / 半常绿灌木 / **花期**：6~7 月 / **花色**：黄
高：100~150 厘米 / **栽种**：4~5 月（生长适温：15~20℃）
Phlomis fruticosa / 唇形科

原产于地中海沿岸地区，16 世纪末由英国传到日本。虽然在属别上与鼠尾草属不同，被归为糙苏属，但也叫作耶路撒冷鼠尾草。黄色花朵有着独特的香气，叶上密生有细小茸毛，看起来边缘处像是白色的一般。花落后留下的萼呈星形，独具特色，具有观赏价值。

●**栽培要点**

在光照充足、略微干燥的地方生长。因为体形较大，适合种植在花境、草本花园的后面等地。

匍匐生长的小草本

倒伏荆芥

耐寒性多年生草本 / **花期**：7~10 月 / **花色**：蓝紫、白 / **高**：40~50 厘米
播种：4~5 月（发芽适温：18~22℃）/ **栽种**：3~5 月（生长适温：15~25℃）
Nepeta mussinii / 唇形科

蓝紫或白色小花呈穗状花序散乱开放。其近亲品种猫薄荷直立生长，而倒伏荆芥则匍匐横向生长，植株较矮。带有甜甜的香气，但是不像猫薄荷那样能够起到强烈吸引猫咪的效果。除了用来布置花坛、种在路边外，还能用于做菜、泡茶。

●**栽培要点**

能在半日阴处生长，但是宜在光照充足、湿度适宜的地方种植。植株不喜闷，所以梅雨时期要修剪掉植株的 1/3。

鲜艳的花朵密集绽放

彩虹菊

别名：活石菊 / 半耐寒性一年生草本 / **花期**：4~5 月
花色：朱红、深粉、橙、浅黄、白 / **高**：10~15 厘米
播种：9 月~10 月中旬（发芽适温：15~20℃）
定植：3 月（生长适温：10~20℃）/ *Dorotheanthus bellidiformis* / 番杏科

茎在地表以上分枝并匍匐生长。鲜艳的花色与雏菊相像，花朵层层叠叠地簇拥绽放。长有几十片带有光泽的细长花瓣，花朵直径为 4~5 厘米，在阳光照耀时开花，日阴或夜间合拢。可栽种到花坛、花盆里进行观赏。

●**栽培要点**

秋天播种到育苗箱里，移植之后在 11 月上旬上盆。若能让植株在室内、苗床里不徒长的情况下生长，则可以长出许多花。初春在光照充足、排水良好、富含腐殖质的地方定植。

绽放出花色多彩的杯形花朵

美丽苘麻

别名： 网花苘麻 / 半耐寒性常绿灌木 / **花期：** 4~11 月
花色： 红、粉、黄、橙、白 / **高：** 100~120 厘米
播种： 4 月（发芽适温：20~25℃）/ **定植：** 5~7 月（生长适温：20~25℃）
Abutilon × hybridum / 锦葵科

叶形如槭树叶，英文名叫“Flowering maple”的热带灌木，市面上的多为园艺人工杂交品种。种植在室内，每年都能开出可爱的杯形花朵。有红、白、橙、粉等丰富的花色。

●栽培要点

在光照充足的地方，气温在 10℃以上则每年都会开花。在日本关东南部以西地区可以种植在庭院里，5~7 月在光照充足、排水良好的地方栽种、移植，4~10 月扦插繁殖。

群植具有观赏性

花葵

别名： 裂叶花葵 / 春播一年生草本 / **花期：** 7~9 月
花色： 红、桃、白 / **高：** 40~100 厘米
播种： 4 月上、中旬（发芽适温：18~23℃）
栽种： 5 月下旬 ~6 月上旬（生长适温：20~25℃）/ *Lavatera trimestris* / 锦葵科

原产于地中海沿岸地区的一年生草本，开出直径约为 10 厘米、如芙蓉的 5 瓣花。多种植在庭院里，种在一起会更为美观。品种有开深红色花朵的“可爱”、开白花的“蒙伯朗”、开粉花的“斯普兰达斯”等。

●栽培要点

喜有光照、排水良好的地方。4 月播种到育苗箱里，发芽后土盆，长出 2~3 片真叶的时候定植。若在花坛里直接播种，则需保持植株间距为 30 厘米进行栽培。

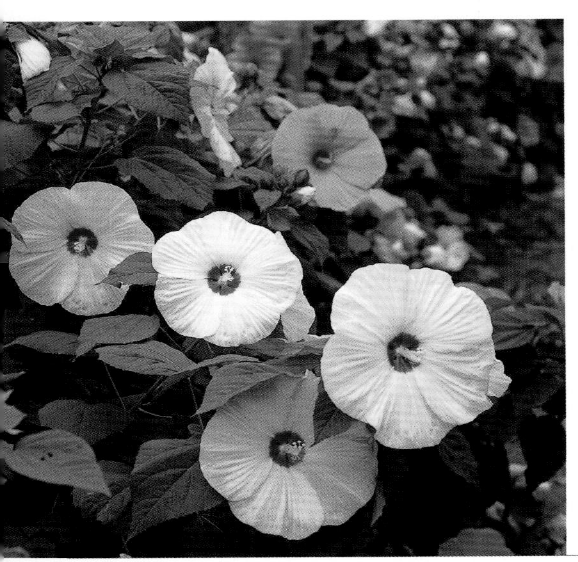

点缀盛夏庭院的大花

芙蓉葵

别名： 草芙蓉、美国芙蓉 / 耐寒性多年生草本 / **花期：** 7~8 月（原种、实生品种为 8~9 月）
花色： 红、粉、白 / **高：** 60~100 厘米 / **播种：** 4 月（发芽适温：20℃）
栽种： 5 月中、下旬（生长适温：20~30℃）/ *Hibiscus moscheutos* / 锦葵科

其他的草花多不耐盛夏的炎热天气，但是芙蓉葵却能在这样的季节开出直径超 20 厘米的大花。原为耐寒性强的多年生草本。花只开 1 天，白天开花，到了晚上闭合，但是每天都能接连开出新的花朵。在温暖地区，若春天播种，则同年的 8 月能看到花开。

●栽培要点

在有光照、通风良好、不怎么干燥的地方栽种。4 月在室内花盆里播种。盆栽栽培要注意防止缺水、缺肥的情况，开花期的晚上要浇足水。

清新夏日里的花木

木槿

落叶灌木 / **花期**：6~10 月 / **花色**：红、粉、白、复色
高：3~4 米 / **栽种**：2~3 月（生长适温：15~25℃）
Hibiscus syriacus / 锦葵科

花在 1 天内凋谢，但是会在初夏到秋天长时间接连开放，为庭院增添一分色彩。耐热耐寒，从前就被广泛用作庭院树木或是茶席上的插花。品种繁多，花形有单瓣、半重瓣、重瓣等。耐剪，所以也能作为灌木篱笆。

●栽培要点

宜在光照充足、排水良好、富含腐殖质的地方种植。冬天可以重剪。花芽长在新梢上，所以重剪也没问题。修剪在 12 月 ~ 第二年 2 月进行。

形如乐器小号的橙色花朵

凌霄花

别名：紫葳 / 落叶藤本 / **花期**：7~8 月
花色：黄、粉、橙 / **高**：1~5 米 / **栽种**：4 月（生长适温：15~25℃）
Campsis grandiflora / 紫葳科

原产于中国，在日本最早的本草学著作《本草和名》中也有所记载，是自古就有栽培的植物。攀缘生长的枝的先端长出橙色等花色的花朵，形如喇叭，所以英文名又叫作“Trumpet flower”。还有凌霄花与美国凌霄的杂交品种“盖伦夫人”等其他品种。

●栽培要点

在日阴处不开花，所以 4 月宜种在有光照、排水良好的地方。冬天修剪细枝以调整株形。2 月按 1∶1 的比例混合好骨粉和油渣，施在植株基部。

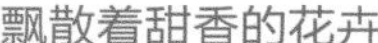

飘散着甜香的花卉

圆盾状忍冬

别名：香忍冬、忍冬、洋种忍冬 / 落叶藤本 / **花期**：6~9 月
花色：奶油白、橙、粉、白 / **高**：3~6 米
栽种：5~6 月、9~10 月（生长适温：15~25℃）/ *Lonicera periclymenum* / 忍冬科

在枝上长出许多像烟花一样的花朵。初夏可以给篱笆和拱形结构建筑增添色彩。植株攀缘在大型的藤架和墙壁上十分美丽，再搭配蔷薇和铁线莲，更显华丽。以带有浓烈的芳香而闻名的植株，花朵可作为制作香包的材料。

●栽培要点

有耐寒性，植株强健，所以无论在有光照还是半日阴的地方都能生长。不怎么挑土质，但是栽种的时候要在排水良好的土壤里施腐殖土和基肥。冬天修剪植株以调整株形大小。

▲“青柠”的花朵
◀“宝塚”

花朵和叶子都很美的花木

假连翘

别名：金露花 / 常绿灌木 / **花期：**4~10 月 / **花色：**粉、紫
高：10~180 厘米 / **栽种：**5~6 月（生长适温：20~30℃）
Duranta repens / 马鞭草科

野生于从美国的佛罗里达州到西印度群岛、墨西哥、巴西等地，株高约 3 米，但在日本的植株并没有那么高大。品种“青柠”的叶子美丽，可作为观叶植物，生长良好的情况下能开出紫蓝色的美丽花朵。

●栽培要点

可购买盆栽。喜光，所以 4~10 月可让植株充分地接受阳光的沐浴。根据需要修剪以调整生长出来的枝条。无霜的地区可以在户外越冬，但通常情况下放在室内以保护植株。6 月进行插芽繁殖。

着迷于甜蜜的香气

木曼陀罗

别名：木本曼陀罗 / 半耐寒性常绿灌木 / **花期：**6~10 月
花色：黄、粉 / **高：**约 150 厘米
栽种：4 月下旬 ~5 月上旬（生长适温：15~25℃）
Brugmansia / 茄科

大花，呈乐器小号状的花朵朝下开放，傍晚到夜间散发出甜香味。以前归为曼陀罗属，但从枝干木质、花朵口朝下开放的样子等来分析，现在归入木曼陀罗属。

●栽培要点

栽种、移植一般在 4 月下旬 ~5 月上旬进行。种在有光照的地方，开花的时候要注意不要缺肥。寒冷地区需上盆或扦插木苗越冬。

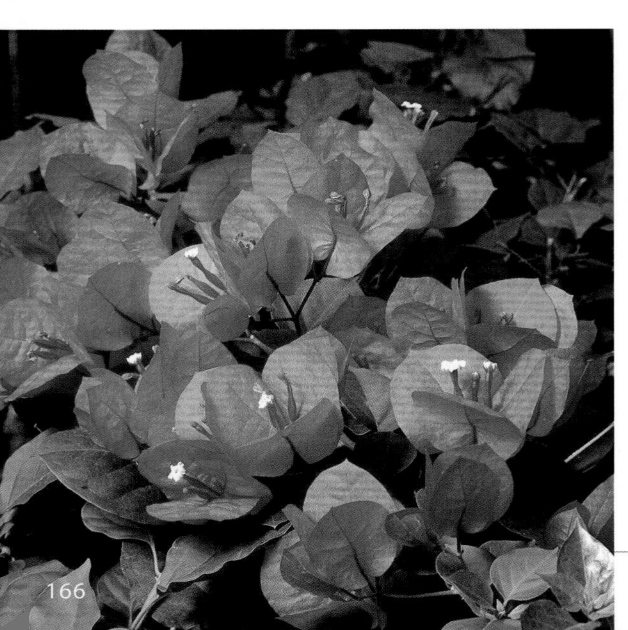

热带的代表性花卉

叶子花

别名：九重葛 / 非耐寒性半藤本或藤本常绿小乔木
花期：5~10 月 / **花色：**红、橙、粉、白 / **高：**50~200 厘米
栽种：5~6 月（生长适温：18~25℃）
Bougainvillea / 紫茉莉科

原产于巴西等中美洲、南美洲地区，与扶桑并列为热带花木的代表。看似 3 片花瓣的苞片各自长有 1 朵黄白色没有花瓣的花。有苞片为重瓣的或带斑等许多园艺品种。

●栽培要点

夏天放置在有阳光直射的户外，土壤表面干燥时要浇水。夏天之外的季节要放置在室内窗边让阳光充分照射，冬天要留心让植株处于 5℃以上的环境中。

大花剪秋罗

株高30~60厘米的石竹属植物的人工杂交品种。

狭叶剪秋罗

原产于日本九州的多年生草本，种植在庭院里可以让花友们享受到园艺的乐趣。有好几个品种。

茴藿香

可入草，原产于中美洲至北美洲的草本植物。耐寒性强、植株强健的多年生草本。

红叶牛至

因为有黑色的花蕾这一特征，所以也叫“黑牛至”，是做肉菜的调味草本。

轮叶金鸡菊“月光”

浅黄色的轮叶金鸡菊。原产于北美洲的耐寒性多年生草本，株高30~40厘米。

金毛菊

原产于中美洲的春播一年生草本。株高20~30厘米，花朵直径约为2厘米。

小白菊

跟洋甘菊长得像的草本植物，别名野洋甘菊。在日本又叫“夏白菊”。

舞花姜

原产于东南亚。虽为多年生草本，但不耐寒，在日本作为春植球根来栽培。

欧防风

原产于俄罗斯的伞形科一、二年生草本。根部像萝卜，能食用。

菊苣

法语名又叫“Endive”，是常见的蔬菜，花朵美丽，种植在庭院里可以享受到园艺乐趣。

心叶假面花

原产于秘鲁。虽为多年生草本，但不耐寒，所以被归为一年生草本。花色为红色至橙色。

球兰

攀缘多肉植物，别名马骝解，可作为观叶植物。

美人蕉

该花是人们比较熟悉的春植球根，有许多品种。最近斑叶品种也很受欢迎。

虎耳兰

原产于南非的多肉植物，别名“眉刷万年青”。也有白花品种。

绒桐草

原产于墨西哥至南美洲的常绿多年生草本。在英国经过改良，培育出了许多品种。

长筒花

多彩的花卉，原产于中美洲、南美洲的春植球根。冬天断水并放置在室内越冬。

金苞花

原产于中美洲、南美洲的热带花木。耐寒性弱，所以需盆栽并放置在室内越冬。

蔓马缨丹

在叶小、攀缘生长的马缨丹属植物里花朵也很小巧可爱。可让其沿着篱笆攀缘。

猫尾红

长有美丽的红色花穗，为多年生草本。与大型灌木红穗铁苋菜同为铁苋菜属植物。

狭叶白蝶兰

生长在湿地，开出纯白色美丽花朵的野生兰花。可盆栽。

鸡蛋花

用来制作夏威夷花环，散发着芳香味的花木。冬天需放置在室内保护起来。

昙花

夏夜里，株高约 30 厘米的昙花会开出纯白色的飘香花朵，是仙人掌科植物。

钝钉头果

带刺的圆形果实十分有趣，打开后会飞出带有白色棉毛的种子。

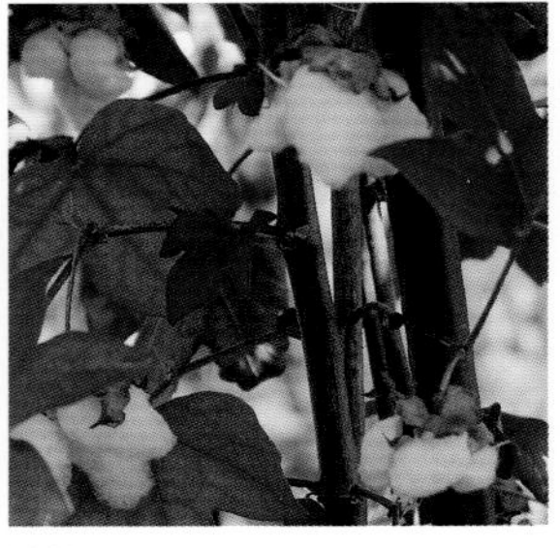

棉花

棉花制品的原材料来源，美丽的花朵像扶桑，易栽培。

芝麻

种子可食用，花朵也很美丽。果实中能长出许多种子（芝麻）。

西番莲

原产于中南美洲的攀缘植物，花朵直径约为 10 厘米。耐寒性强，植株强健。

蔓长春花

长春花的攀缘品种，适合作为地被植物。斑叶品种非常受欢迎。

银边翠

花下的叶子带白色，为一年生草本，与一品红同为大戟属植株。

红秋葵

株高 1~2 米的多年生草本。木槿属植物，花瓣各自分开是其特征。

花烛

具有观叶价值的热带植物。冬天需挖出植株放置在室内越冬。

五彩芋

热带观叶植物。叶薄，不耐强风。因为不耐寒，所以冬天要放置在室内栽培。

番薯“布莱基”

叶色为深紫褐色的番薯，与其他植物混栽搭配也别有一番趣味。

秋之花

Autumn

秋之庭

随着凉爽的秋风摇曳的秋英，只是栽种在容器里也能让庭院充满风情。胡枝子、败酱等在《万叶集》里记载的秋之七草与鼠尾草、金盏花进行组合，带有焕然一新的和谐美感。桂花的香气迷人，只需种上1株，就能充分感受到秋天的气息。

"黄色花园"

随秋风摇曳的温柔花卉

秋英

别名：波斯菊、大波斯菊 / 春播一年生草本
花期：6~11 月 / **花色**：红、粉、黄、白
高：150~200 厘米
播种：4~7 月（发芽适温：15~20℃）
Cosmos bipinnatus / 菊科

原产于墨西哥的一年生草本，明治中期传到日本。强健、易栽培，是日本人喜欢的秀丽花朵，秋天的代表性草花。"Cosmos"为希腊语，有"装饰""美丽"之意。花瓣形似樱花，所以在日本也常被叫作"秋樱"。

●栽培要点

早生品种在 4 月播种则盛夏的时候可以开花，想让秋英秋天开花则在 6~7 月播种。直接播种然后浅覆土。茎叶比较柔软，所以要控制好施肥量，在还是小苗的时候就要摘心。

鲜艳的花朵，夏天的高人气花卉

硫华菊

春播一年生草本 / **花期**：7~8 月
花色：红、橙、黄 / **高**：60~100 厘米
播种：5 月（发芽适温：20~25℃）
Cosmos sulphureus / 菊科

花为橙色、黄色、熟番茄红色，十分美丽。植株不高，开花早。单瓣花之外还有半重瓣品种。传到日本的主要为黄色、橙色的品种，但是在 1966 年，日本培育出了具有突破性的品种——开红花的"日落"，在全美精品竞赛上获得了金奖，该品种的市场需求由此扩大。

●栽培要点

跟种秋英一样。开花早的品种在开花后剪掉花茎可再次开花。密植或在日阴处种植则开不好，所以要在光照充足、通风良好的地方栽培。

◀硫华菊"阳光"

不仅是颜色，连香味也像巧克力

巧克力秋英

半耐寒性多年生草本 / **花期**：6~9 月 / **花色**：褐、深棕
高：30~60 厘米 / **栽种**：5 月 / *Cosmos atrosanguineus* / 菊科

因为花色和香味都像巧克力而得名，是点缀日本秋天的秋英属植物，开出质感像丝绒的花朵，在花坛里只需种上 1 株就非常有存在感。市面上还有深红、深黑色的品种，更受园艺人士欢迎。

●栽培要点

在不用担心晚霜到来的时候栽种。虽然是宿根植物，但是不耐低温，受冻会枯萎，所以要注意防寒。在日本被归为一年生草本，降霜之前要挖出植株种在花盆里，放置在室内越冬。

栽种有不同花形和花朵直径、从黄色至橙色系列菊花的秋天的庭院

各类小菊

可轻松观赏的多彩花色

菊类（洋菊）

别名：盆菊、多头菊、地被菊、优达菊等
耐寒性多年生草本 / **花期：**4 月 ~ 第二年 1 月
花色：红、粉、橙、黄、白 / **高：**25~60 厘米
栽种：6 月（生长适温：15~25℃）
Chrysanthemum × *morifolium* / 菊科

在日本是家喻户晓的花朵。从欧洲传播过来后改变了花色、花形，矮生且分枝多，适合盆栽的盆菊和切花用的多头菊等为洋菊的代表品种。秋菊花芽分化，开花天数短，但随着技术的不断进步，花能开放持续 1 年。

●栽培要点

如果盆花的花蕾多，长时间放在室内则不能开花，所以需要放置在户外被阳光照射、开花后再移至室内可长期观赏。开花后需修剪植株至接近根部的地方。春天在靠近植株的部分施肥。

和人差不多高的花

向日葵“金字塔”

别名：柳叶向日葵 / 半耐寒性多年生草本 / **花期**：9 月下旬 ~10 月
花色：黄 / **高**：约 150 厘米 / **栽种**：3 月（生长适温：15~25℃）
Helianthus‘Golden Pyramid’/ 菊科

分布于北美洲，株高可达 1.5 米的多年生草本，是向日葵属植物。茎直立生长，无毛。长 20~40 厘米，宽 1 厘米的柔弱细长的叶子互生。秋天开出许多柠檬黄色的花朵，为秋日增添了一丝亮丽色彩。可用于布置花坛或作为切花材料。

●栽培要点

春天购苗，间隔 30 厘米定植。若种在有光照、排水良好的地方则不挑土质。忌施肥过量。种植在花坛里则需摘心 1~2 次，枝多可以抑制植株长高。

原产于北美洲的宿根紫菀

荷兰菊

别名：友禅菊、联毛紫菀 / 耐寒性多年生草本 / **花期**：9~11 月
花色：红、粉、紫、白 / **高**：20~120 厘米 / **栽种**：11 月、3 月（生长适温：12~22℃）
Aster novi-belgii / 菊科

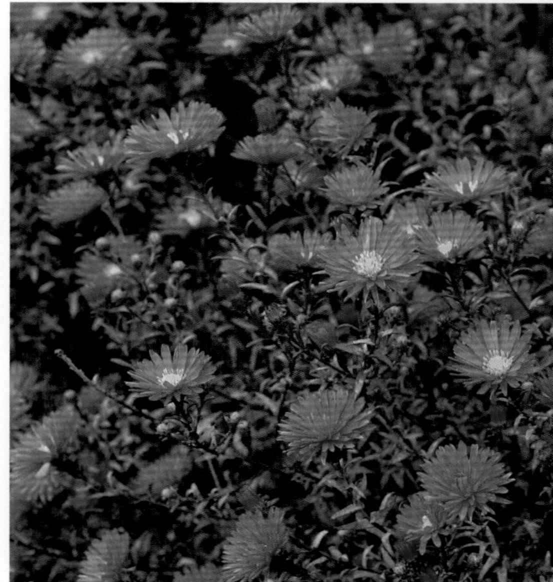

用在园艺中的宿根紫菀是几个原产于北美洲的品种和其园艺品种。在日本叫友禅菊，虽然听起来很像日本的名字，但却是原产于北美洲的花卉。花色丰富、植株强健，用于布置花坛、盆栽，作为切花等。

●栽培要点

秋天或春天买来苗株或即将开花的植株应种在富含有机质的土壤里，宜种在光照充足、通风良好的地方。秋天定植，植株基部要铺上稻草以防冬天的干燥和寒冷。盆栽时每年分株 1 次；种在花坛里时每 2 年分株 1 次并移植。

能种在宽广的庭院里享受观赏的乐趣，大型的多年生草本

紫菀

别名：青牛舌头花 / 耐寒性多年生草本 / **花期**：9~10 月
花色：蓝紫 / **高**：50~200 厘米 / **栽种**：11 月、3 月（生长适温：15~25℃）
Aster tataricus / 菊科

分布于日本的山阳山阴地区到九州，以及朝鲜半岛、中国、西伯利亚等地，是非常强健的大型植株品种，所以可以说它是能在宽广的庭院里种植，让园艺者们享受到原野趣味的花卉。可作为切花材料、茶道用花来栽培。

●栽培要点

种在光照充足、排水良好的地方，可以放任其自由生长。基本不挑土。长成大株后，待到秋天每长出 2~4 个芽就进行分株移植。开花后修剪枝条以培育新芽。

重瓣品种
黑心金光菊

自体播种也能生长的植物

金光菊

春播一年生草本或多年生草本 / 花期：6~9 月
花色：黄、橙 / **高：**30~90 厘米 / **播种：**4 月中旬 ~6 月（发芽适温：20~25℃）
栽种：6 月（生长适温：15~25℃）
Rudbeckia / 菊科

野生于北美洲的一年生或多年生草本，花为鲜艳的黄色、橙色。品种改良后有株高约 30 厘米的品种，可用于布置花坛、盆栽或做成切花。还有一年生草本的黑心金光菊和极矮生品种“杂交罗兰”等品种。

●栽培要点

一年生品种在 4 月中旬 ~5 月播种，多年生品种在 5~6 月播种。将种子播种到花盆里，育苗后在光照充足、排水良好的地方定植。注意缺水会伤叶。

巴黎王宫里的最爱花朵

孔雀草

别名：法国万寿菊 / 春播一年生草本 / **花期：**6~10 月
花色：黄、橙 / **高：**30~40 厘米 / **播种：**4 月中旬 ~7 月中旬（发芽适温：15~20℃）
栽种：5 月中旬 ~6 月、9 月（生长适温：15~25℃）
Tagetes patula / 菊科

16 世纪从墨西哥传入欧洲，由于在巴黎的王宫里栽培，所以又名“法国万寿菊”。叶子和花朵都比较小巧的矮生品种，分枝多而繁茂。还有单瓣、重瓣品种，适合布置在花坛的品种也很多。

●栽培要点

能在有光照、通风、排水良好的地方生长。日阴、密植的话叶子生长会过于茂盛，花朵反而长得不好，这点要注意。要勤摘残花。秋天每长出 2~3 个芽后进行分株移植。

复色品种
开柠檬黄色花的美丽品种

原产于墨西哥的华美花朵

万寿菊

别名：千寿菊、非洲万寿菊 / 春播一年生草本 / **花期：**6~10 月
花色：黄、白、橙、复色 / **高：**30~40 厘米
播种：4 月下旬 ~5 月中旬（发芽适温：15~20℃）
栽种：5 月中旬 ~6 月、9 月（生长适温：15~25℃）/ *Tagetes erecta* / 菊科

原产于墨西哥。17 世纪英国军队远征非洲突尼斯的时候带入种子并进行了栽培，所以又名“非洲万寿菊”。花大、重瓣，可做成切花。也有用于布置花坛、盆栽的矮生品种。

●栽培要点

宜选在有光照、通风和排水良好的地方。一般在 4 月下旬 ~5 月中旬进行直接播种。最好在晚霜过后种植从市面上买回来的盆苗。

以青葙的大而茂盛的铜叶为背景，配以花量丰富的万寿菊。左边是粉色的朱唇，从夏天延续至秋天，依然有花美丽绽放，为庭院增添色彩

开出许多紫色小花

胡枝子

落叶灌木 / 花期： 6~10 月 / **花色：** 白、紫、紫红
高： 1~3 米 / **栽种：** 1~2 月
Lespedeza / 豆科

胡枝子是日本秋之七草的一种，枝上长满白色、紫红色的花朵。绿胡枝子（花色为紫红色）是在 6 月下旬 ~8 月开花的品种。8 月下旬 ~10 月上旬开花的日本胡枝子是最常用的品种。

●栽培要点

豆科植物有根瘤菌共生，所以宜在微干、较贫瘠的土壤里生长。但是在日阴处，花量不多，生长不好，所以要挑选好种植的地方。要在 2 月修剪长长的枝条。

▲红花品种

花像"大"字的秋天花卉

大文字草

耐寒性多年生草本 / 花期： 8~10 月
花色： 白、粉、红、浅绿
高： 10~40 厘米 / **栽种：** 2~3 月、10~11 月
Saxifraga fortunei var. *incisolobata* / 虎耳草科

5 片花瓣中，下面的 2 片比较长，整体看起来像个"大"字，所以叫作大文字草。从夏天到秋天会开出许多充满原野趣味的白色、浅红色小花。花的中心为突起的绿黄色雌蕊，在开花后会变大成为果实。也有斑叶品种。

●栽培要点

放置在半日阴处，保持不缺水的状态下生长。夏天和开花的时候为了让花朵不褪色，要将植株移至日阴处。施肥过量草姿会变乱，这样就会失去观赏的乐趣了，因此要注意。

秋之七草之一

白头婆

耐寒性多年生草本 / 花期：8~10 月
花色：白、紫 / **高**：1~2 米
栽种：3~4 月、10~11 月
Eupatorium japonicum / 菊科

管状花瓣看起来像袴，与花色相搭，因此在日本称为“藤袴（浅紫色的袴）”。开出许多浅紫色、白色的花朵，随风摇曳，独具风情。叶子干燥的时候会散发出和樱花糕一样的香气。开花时期会有许多蝴蝶飞来。

●栽培要点

栽种、分株宜在 3~4 月或 10~11 月进行。宜种在有光照、排水良好的地方。不怎么挑土质。初夏修剪到植株的基部附近以修整草姿，可让植株保持在较低的高度开花。

在白头婆上吸食花蜜的豹蛱蝶

开出许多黄色的花朵

败酱

耐寒性多年生草本 / 花期：8~10 月 / **花色**：黄
高：20~100 厘米 / **栽种**：3~4 月 / *Patrinia scabiosifolia* / 忍冬科

败酱也是秋之七草的一种，曾在日本名著《万叶集》和《源氏物语》里出现。从夏天到秋天小小的黄色花朵簇拥开放，是广泛分布于东亚的多年生草本，将根干燥处理后煎煮可作为生药、中药。也可作为切花材料。

●栽培要点

宜种在光照充足的地方，但是要避开西晒。喜适度的湿气。植株有一定的高度，地下茎横向生长，所以适合露地栽种，也可盆栽。生长过高则在开花后进行修剪。

◀名叫“贵船菊”的红色重瓣品种

▼白花单瓣品种

带有温柔、秀丽的风情

打破碗花花

别名：秋明菊 / 耐寒性多年生草本 / **花期**：9~11 月 / **花色**：粉、白
高：50~80 厘米 / **栽种**：3 月上旬（生长适温：15~25℃）
Anemone hupehensis / 毛茛科

秋天开出白色、粉色的花朵。因为在日本京都贵船山可见到植株群生，所以在日本又名“贵船菊”，是古时从中国传播到日本的植物。大型的多年生草本，比起种植在花坛更适合种植在庭院里，为秋天增添一种风情。也可种植在大型的容器中，让花友们享受园艺和观赏的乐趣。

●栽培要点

喜向阳、明亮的日阴处，夏天要避开西晒。喜适度湿润的土质，但是若排水不良，根容易腐烂。栽种、分株在 3 月上旬进行。栽种时植株间距要大一些，在植株生长初期和花谢之后施肥。

秋海棠的雄花

能做成茶席上的插花

秋海棠

别名：璎珞草 / 耐寒性多年生草本 / **花期**：8~10 月 / **花色**：粉、白
高：40~50 厘米 / **栽种**：4~5 月（生长适温：15~25℃）
Begonia evansiana / 秋海棠科

原产于中国、马来半岛的多年生草本，能在日本户外生长的秋海棠属植物。植株强健，栽培不需要花太多工夫，也有半野生化的品种。在日式庭院里展现出独特风情，可作为茶席上的插花。也能盆栽，花色有粉色、白色等。

●栽培要点

宜种在半日阴、有湿气的地方，土壤要充分混合腐殖土等有机质，在樱花开放的时期种植发芽的珠芽。也可以通过插叶繁殖。除了施基肥外，5~6 月还要施 1 次追肥。

适合种植在岩石花园里

圆叶景天

原产于日本北海道的日高圆叶景天

别名：圆扇八宝 / 耐寒性多年生草本 / **花期**：10 月
花色：浅红 / **高**：25~40 厘米
栽种：4~5 月（生长适温：15~20℃）
Sedum sieboldii / 景天科

野生于日本的多年生草本，是自古就有栽培的古典园艺植物之一。叶肉多，带粉白色，下垂的花茎先端长有浅红色小花，球状花序。原本是生长在岩壁上的植物，所以非常适合种植在岩石花园里。另外，也适合在吊盆里栽培。

●栽培要点

植株强健、易栽培。喜光照充足、排水良好的地方，所以宜栽种在砂质土壤里。盆栽宜用浮石盆。6 月用茎插芽繁殖。

带有秋天的原野风情

油点草

耐寒性多年生草本 / **花期**：9~10 月
花色：黄、紫、白 / **高**：10~100 厘米
栽种：3 月（生长适温：10~25℃）
Tricyrtis / 百合科

野生的油点草属植物在日本约有 10 种。主要是山野草及栽培用于切花的品种，也有种植在庭院观赏用的品种。喜明亮的地方，但是其实原本是日阴植物，所以夏天应移至半日阴的地方，上臈油点草系列品种在平地栽培会很困难。

●栽培要点

从春天到初夏让植株接受充足的阳光照射，夏天不能照到根部。植株不耐旱，种在排水良好的地方则每年都能生长良好。初春进行分株，梅雨时期插芽繁殖。

▲黄花油点草
▶台湾油点草

琉璃色的花朵，告知秋天的到来

龙胆

耐寒性多年生草本 / **花期**：9~11 月 / **花色**：粉、蓝紫、白
高：15~100 厘米 / **栽种**：11 月、3 月（生长适温：12~25℃）
Gentiana / 龙胆科

野生在山野草原和河堤的草丛等地，秋天茎端和上部的叶腋处会长出紫蓝色的管状花朵。市面上常见的园艺品种有用于切花的高生品种、开花早的虾夷龙胆系列及用作盆花的矮生品种新雾岛龙胆等。

●栽培要点

庭院种植宜选在光照充足、排水良好的地方。基本上不需太花费人力和时间。盆栽要在 4~5 月将茎修剪至 2 节左右，这样枝条数会增加，能保持株矮开花的状态。

新雾岛龙胆的园艺品种

为半日阴处增添华丽的美感，纤细的野草

长管香茶菜

耐寒性多年生草本 / **花期**：8~10 月 / **花色**：蓝紫 / **高**：70~100 厘米
栽种：3~4 月、11~12 月（生长适温：15~25℃）
Isodon longituba / 唇形科

野生于西日本的山野，为多年生草本，日本关东地区分布有其近亲品种“关屋长管香茶菜”。茎呈四棱形，横向开出许多管状花朵，易栽培，可以在半日阴的庭院里种植。是用作茶席上的插花的高人气植物，也有盆栽在市面上销售。

●栽培要点

地栽宜选在上午能照到阳光的地方，土壤要混合腐殖土等，排水要良好，并有保水性。盆栽要浇足水，冬天不能让植株过分干旱。地栽要几年移植 1 次，盆栽要每 3~4 月移植 1 次。

关屋长管香茶菜

花色稳重，仿佛带有情绪的花卉

野牡丹

别名：山石榴 / 半耐寒性常绿灌木 / **花期**：9~12 月
花色：紫、紫红、粉、白 / **高**：1~3 米 / **栽种**：4~6 月
Melastoma / 野牡丹科

蒂牡花的园艺品种，以盆花的形式出现在市面上。园艺品种“小天使”刚开始开花的时候为白色花朵、浅紫色镶边，后变成粉色，之后变成深粉色，渐变过程有 3 种颜色。白色的雄蕊花药长，从花朵里凸出来形成独特的弯曲形态。

●栽培要点

不耐旱，所以要注意不能让植株极度干旱。秋天开花后要进行修剪。冬天放置在屋檐下或有光照的室内进行管理。春天在不用担心晚霜的情况下可以移植到户外。

秋天开出小花的山野草

金线草

耐寒性多年生草本 / **花期**：8~11 月 / **花色**：红白复色
高：30~80 厘米 / **栽种**：3~4 月、11 月
Antenoron filiforme / 蓼科

原产于日本、中国的多年生草本，伸长的花穗上散乱地开出 4 瓣小花。花色为红色和白色，像红白色的花纸绳。花姿虽略显普通，却非常适合装饰茶席，常用作茶席上的插花。到初夏叶子上会长有呈“八”字形的斑纹。也有斑叶的园艺品种。

●栽培要点

喜从有光照到半日阴的微湿地方，不挑土质。植株强健，可放任其生长。只有在生长发育不理想的时候才需要施肥。

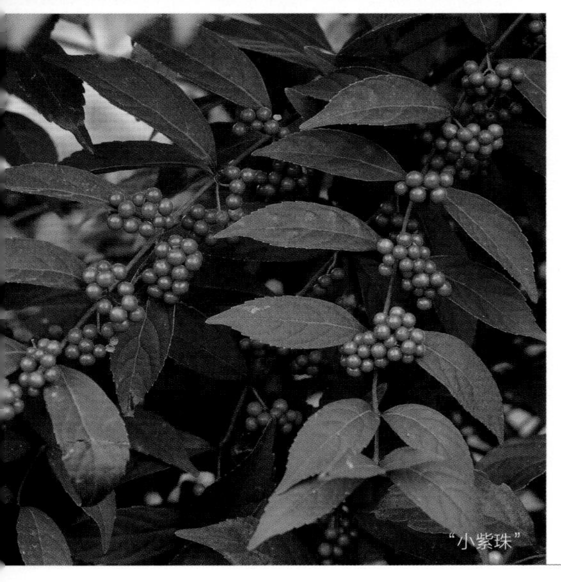
“小紫珠”

为秋天增添色彩的紫色小果实

紫珠

别名：紫式部 / 落叶灌木 / **花期**：7~8 月 / **果色**：蓝紫 / **高**：1.5~3 米
结果期：10 月中旬 ~12 月 / **栽种**：11~12 月、2~3 月
Callicarpa / 唇形科（马鞭草科）

到了秋天，枝上会结出许多富有光泽的动人紫色果实，独具风情。“小紫珠”为常见的栽培品种，虽然作为庭院树木株形有些小，但是可以长出许多紫珠果实。也有结白色果实的品种，叫“白珠”。

●栽培要点

宜在落叶期 11~12 月或 2~3 月栽种，选光照充足、排水良好，富含腐殖质的土壤，还要有保水性。虽然也能在半日阴处生长，但是光照不足花会长得不好。

清凉的浅蓝色小花

蓝花丹

别名：蓝雪花 / 非耐寒性多年生草本或灌木 / **花期**：5~10 月
花色：浅蓝 / **高**：约 150 厘米 / **栽种**：4 月（生长适温：15~25℃）
Plumbago auriculata / 白花丹科

主要作为盆花来观赏，温暖地区也能在庭院里种植。细长的枝生长繁茂，从春天到秋天生长出来的枝的先端接连开出浅蓝色的短穗状小花。夏天耐热，是原产于南非的灌木，较长的开花期是其魅力之处。园艺品种有矮生品种“蓝月”等。

●**栽培要点**

在最低气温为 2~3℃的情况下植株基部能越冬，春天长出新梢。喜阳，所以盆栽要放置在有光照的地方，11 月放置在室内，4 月修剪枝条移栽，5~8 月插芽繁殖。

深红色的时髦花卉

地榆

耐寒性多年生草本 / **花期**：7~10 月 / **花色**：红 / **高**：70~100 厘米
播种：4~5 月（发芽适温：10~15℃）
栽种：4~5 月、11~12 月（生长适温：10~20℃）
Sanguisorba officinalis / 蔷薇科

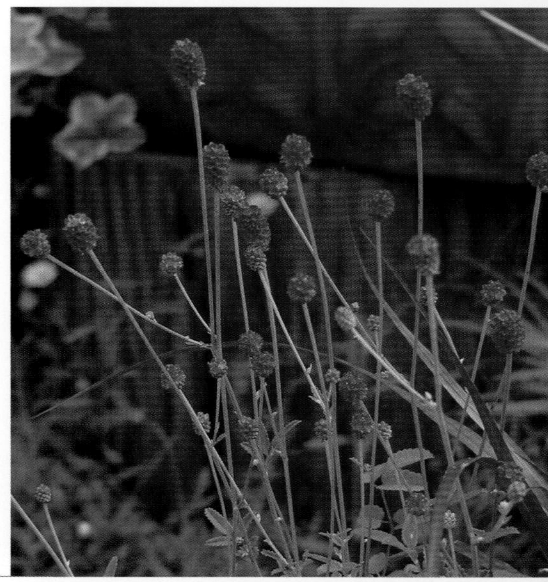

在日本，其名字的汉字写作“吾亦红”。枝的先端长有深红色的卵形花穗。在日本的山野、田园地带比较常见。除了用作茶席上的插花外，也常用作欧式风格的插花材料。植株不高的有“屋久岛吾亦红”等园艺品种。

●**栽培要点**

宜种在光照充足、排水良好的地方，光照不足植株会变弱，长得不美观。喜肥，无肥料甚至会不开花。因此不能放任不管，而需施肥培育。从出芽到秋天，最好每月施 1 次复合肥料。

叶色变化，享受观叶的乐趣

地肤

别名：扫帚草、扫帚菜 / 春播一年生草本 / **花期**：7~9 月
叶色：黄绿到暗红色的变化 / **高**：50~100 厘米
播种：4 月中旬 ~5 月中旬（发芽适温：18~22℃）/*Kochia scoparia* / 藜科

地肤（前）和锦紫苏

变化的叶色，具有观赏价值。叶子像芦笋叶，株形呈椭圆形，春天叶子为黄绿色，秋天变成暗红色，为花坛增添了色彩。秋天会结果，在日本东北地区这种果子叫作“Tonnburi(中文叫地肤子)”可食用。也叫扫帚草，因其干燥处理后捆成 1 束像扫帚而得名。

●**栽培要点**

用种子在春天直接播种。不喜移植，株间距为 50~60 厘米。播种到花盆等容器里的情况下，为了不伤根，要在不破坏根坨的状态下定植。

长有红色花穗的美丽野草

红蓼

别名：大红蓼 / 春播一年生草本 / **花期：**8~11 月
花色：红紫、粉 / **高：**100~200 厘米 / **播种：**3~4 月
Persicaria Orientalis/ 蓼科

原产于亚洲的大型一年生草本，作为药用植物而引进日本。但是除了其本身的药用价值之外，因其花朵美丽，具有观赏性，也作为观赏植物被园艺人士栽培。各地也能看到野生品种。叶子和茎上被毛，长约 10 厘米的紫红色花穗下垂绽放。在自然风格的花园和草本花园里种植，起到了调和的作用。

●栽培要点

宜在光照充足、排水良好的地方种植，填上腐殖土后播种。非常强健，几乎可以放任其自由生长，通过自体传播种子繁殖。

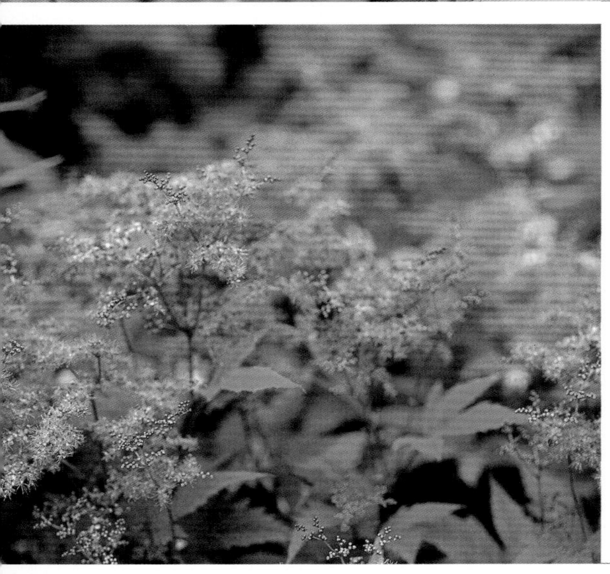

红色的花朵与日式庭院相搭

槭叶蚊子草

耐寒性多年生草本 / **花期：**6~7 月 / **花色：**紫红 / **高：**60~150 厘米
栽种：3 月、10 月下旬 ~11 月上旬（生长适温：15~25℃）
Filipendula purpurea / 蔷薇科

原产于日本的多年生草本，自古就以用来布置日式庭院、作为切花材料等而为人所喜爱。叶子呈掌状，边缘裂开，紫红色的茎的先端开出无数的紫红色小花，草姿温柔。日本名字“京鹿子”为京都传统扎染手艺“鹿子扎染”的意思。

●栽培要点

宜在避开西晒，在有光照或是半日阴的地方生长。在稍微湿润的肥沃土壤里能够很好地生长，但是成为大株之后长势变差，所以宜在秋天分株移植。

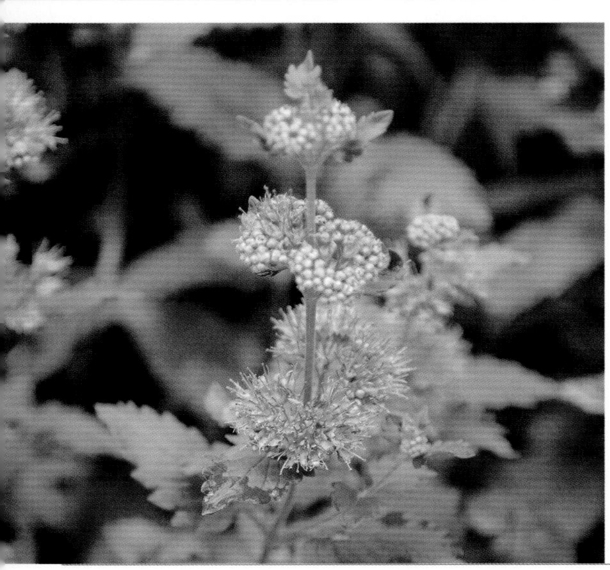

紫蓝色的花朵在庭院里光彩夺目

兰香草

半耐寒性多年生草本 / **花期：**7~9 月 / **花色：**蓝紫、粉、白 / **高：**70~80 厘米
播种：4~5 月（发芽适温：15~20℃）/ **栽种：**5 月（生长适温：15~27℃）
Caryopteris incana / 唇形科（马鞭草科）

原产于中国、日本南九州的多年生草本，叶子对生，散发芳香味。茎顶部开出蓝紫色小花，簇拥成一团，阶段式地开放，所以也称为“段菊”。一般常用作切花，露地栽培和盆栽也具有相当的观赏价值。

●栽培要点

4 月以后播种，长出 4~5 片真叶的时候种植在排水良好的肥沃土壤里。盆栽要在土壤混合赤玉土、轻石砂和树皮堆肥等再种植。移植时通过分株或插芽的方式繁殖。

在绿色草坪衬托下美丽耀眼的彩色花朵

石蒜

别名：魔术百合 / 夏植球根 / **花期**：7~9 月 / **花色**：红、粉、橙、黄、紫、白
高：30~60 厘米 / **栽种**：6 月~8 月上旬（生长适温：15~25℃）
Lycoris / 石蒜科

换锦花

强健、易栽培的球根植物，开花的时候没有叶子，所以被称为“魔术百合”。叶子是在开花后长出的。品种有刚开始开花的时候为粉色，之后从花瓣的先端开始渐变成蓝色的换锦花，还有花色为明黄色的忽地笑等，从夏天到秋天在花坛里绽放异彩。

●栽培要点

宜在植株没有叶子、处于休眠状态的时候栽种。喜光照充足、土壤肥沃的环境。盆栽的情况下要浅植，薄薄覆上一层土让球根的头部稍微露出来。

茎无叶，花朵具有观赏价值

彼岸花

别名：红花石蒜 / 夏植球根 / **花期**：7~10 月 / **花色**：红、白
高：约 50 厘米 / **栽种**：6~7 月（生长适温：12~25℃）
Lycoris radiata / 石蒜科

为秋天的原野增添色彩的球根植物，以前常在田埂等地种植，是石蒜属植物，原产于中国，后来在日本进行了品种改良。开花时没有叶子，干净利落的花姿具有观赏价值。也有同属的白花品种——白花彼岸花。

●栽培要点

宜在没有花朵和叶子的休眠期（6~7 月）栽种。挑选光照充足的地方种植，栽种后就这么放置几年，不去管理植株也能很好地生长。休眠期也需要偶尔浇水。

闪亮的花卉

娜丽花

别名：钻石百合 / 秋植球根 / **花期**：10~12 月 / **花色**：红、粉、白
高：30~70 厘米 / **栽种**：8~10 月（生长适温：12~22℃）
Nerine / 石蒜科

原产于南非的半耐寒性球根，阳光下花瓣闪耀美丽，所以英文名为“Diamond lily（钻石百合）”。基本上都是花茎长的品种，不适合种植在花坛里，但是最近也有花茎短的品种上市。园艺品种的球根也可以通过网购等方式获得。

●栽培要点

在早晚凉爽的时候栽种，栽种后要控制好浇水量，叶子开始长出来后慢慢地增加浇水量。冬天放置在有光照的地方，5 月开始放入花盆栽培以避雨，或放置在凉爽处度夏。

在花坛中茁壮生长的林荫鼠尾草

竖立着许多紫红色的花穗

林荫鼠尾草

耐寒性多年生草本 / **花期**：6~10 月 / **花色**：紫
高：40~60 厘米
播种：4 月下旬 ~5 月（发芽适温：20~25℃）
栽种：4~5 月、9~10 月（生长适温：15~25℃）
Salvia nemorosa / 唇形科

原产于欧洲，从植株基部开始分枝，茎直立，开出许多花朵。常用于布置花坛或种植在容器中。花色是泛红的紫色，生长成大株具有观赏价值。在鼠尾草属植物中属于比较小型的品种。

●栽培要点

春天播种生长，购买盆苗后种植是比较轻松的栽培方式。喜略干燥的环境，所以要控制浇水量。不耐较长的雨季和潮湿的气候。植株缠绕在一起则需间苗。夏天修剪 1 次。

为秋天增添色彩的大型鼠尾草

彩苞鼠尾草

别名：彩顶鼠尾草、紫鼠尾草
春播一年生草本 / 花期：5~8 月 / 花色：粉、蓝紫、白 / 高：50~60 厘米
播种：3~5 月（发芽适温：20~25℃）
栽种：6 月（生长适温：18~25℃）
Salvia horminum / 唇形科

栽培的目的是观赏其美丽的花苞。也常被叫作彩绘鼠尾草。茎顶部染上有魅力的蓝紫色或粉色，除了可种植在庭院里，还能用作切花、插花、干花等。

●栽培要点

春天播种。在光照充足、排水良好的地方混入腐殖土并施肥之后栽种。种植下去后若不去管理，则植株会变得纤弱，所以要趁植株还小的时候摘心让其长出侧枝，从而促其生长繁茂。

长成美丽的大株，让居住地变得时尚的墨西哥鼠尾草

毛茸茸的大型花卉

墨西哥鼠尾草

别名：紫水晶鼠尾草 / 耐寒性多年生草本 / **花期：**6~10 月 / **花色：**紫、白 / **高：**100~120 厘米
播种：4 月下旬 ~5 月（发芽适温：20~25℃）/ **栽种：**4~5 月、9~10 月（生长适温：15~25℃）
Salvia leucantha / 唇形科

花穗呈长条状，显得柔软且毛茸茸，开出的花朵有紫和白 2 种花色。美丽的花色像紫水晶般，所以也被称为“紫水晶鼠尾草”。从夏天到秋天结束，花能长期持续开放。植株高，所以种植在花坛的后方或墙边也能与其他植物相协调。

●栽培要点

种植在有光照、排水良好的地方，喜略微干燥的环境，所以要控制好浇水量。有耐寒性，但是不耐较长的雨季和潮湿的气候，植株混杂在一起需要间苗。在寒冷地区要注意防霜冻，或是在夏天或秋天插芽并放置在室内过冬。

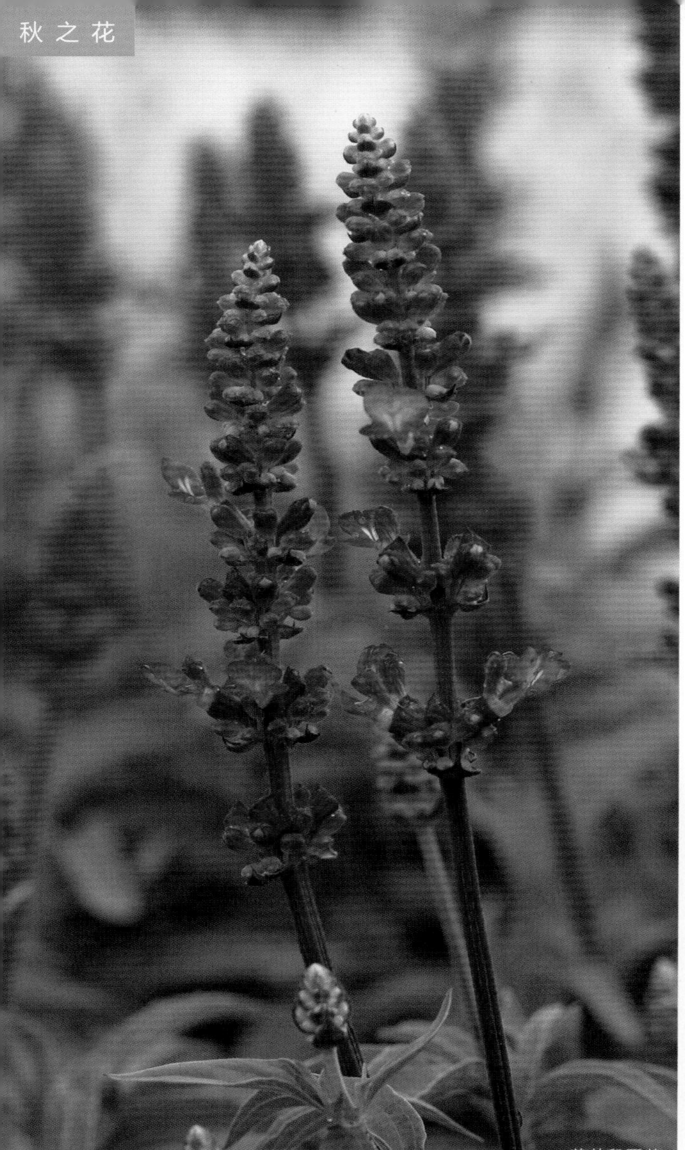
蓝花鼠尾草

小巧美丽的蓝花

蓝花鼠尾草

别名：一串兰 / 多年生草本或春播一年生草本
花期：6~11 月 / **花色：**蓝紫、白 / **高：**40~60 厘米
播种：5 月（发芽适温：20~25℃）
栽种：6 月（生长适温：20~25℃）
Salvia farinacea / 唇形科

因为会开出美丽的蓝色花朵，所以英文名叫“Blue Salvia”。萼和花轴部分有白色的粉末，所以也称“粉萼鼠尾草”。长条状的花穗上长满了许多小花，从初夏到晚秋时节都能观赏到美丽的花朵。有白花品种。不耐寒，所以被归为一年生草本。

●栽培要点

5 月播种，6 月移植在有光照、排水良好的地方。也可以在日本的黄金周（每年 4 月末 ~5 月初）结束后购买盆苗栽种。开花期过后剪掉花穗还能继续开花，到降霜之前都能一直绽放。

白花品种

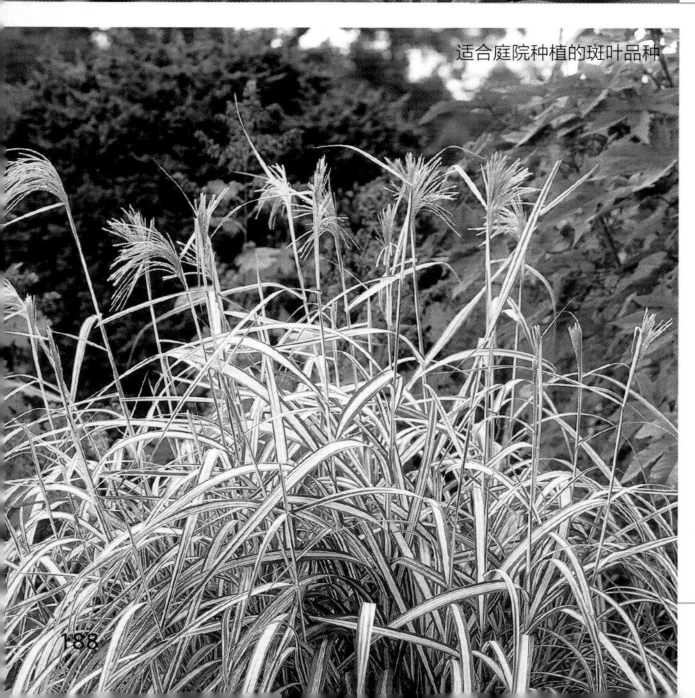
适合庭院种植的斑叶品种

赏月时少不了的植物

芒

别名：芭芒、尾花 / 耐寒性多年生草本 / **花期：**9~10 月
花色：白、粉 / **高：**1~3 米
栽种：3~5 月（生长适温：15~25℃）/ *Miscanthus sinensis* / 禾本科

观赏用的品种中，有叶子像箭尾巴上的羽毛，带显眼斑纹的“箭羽芒”，是秋之七草的一种，用于搭配赏月，或用作切花。繁殖能力强，宜在宽广的庭院内种植。

●栽培要点

宜种在有光照、排水充足的地方。开花后修剪掉整株的一半，这样春天比较容易长出新芽。分株宜在新芽长出的 3~5 月进行。将植株从基部剪开，分成 2~4 份，根部剪掉 1/2 后再进行栽种。

夏天持续开放的蓝花鼠尾草，花色在入秋后发生转变。作为背景的芒穗带有光泽感，为秋天的原野营造出宁静的氛围

在花境中绽放出花朵的青葙、长春花、五色椒等

青葙

凤尾鸡冠花

如鸡冠一般的花卉

青葙

别名：鸡头、鸡冠花
春播一年生草本 / 花期：7~10 月
花色：红、粉、橙、黄、白
高：15~140 厘米
播种：4~5 月（发芽适温：20~25℃）
Celosia cristata / 苋科

从盛夏到秋天是花坛里少不了的花卉。矮生品种常被种在方形花盆里，高生品种适合做成切花、干花。原产于热带至亚热带地区，在古时就传到了日本，以“韩蓝之花”的名字记载于《万叶集》中。世界上的园艺品种大部分都是经日本改良后的品种。

●栽培要点

属高温植物，所以宜在气温升高之后播种。不喜移植，原则上要直接播种，间苗的时候要把好的苗留下来。市面上销售的苗株，买回来的时候注意不要破坏根坨进行栽种。选在有光照、排水良好的地方种植，要施足肥料。

为秋天的庭院染上鲜艳的色彩

雁来红

别名：三色苋 / 春播一年生草本 / **观赏期：**8~10 月 / **叶色：**红、粉、黄、紫
高：80~150 厘米 / **播种：**4 月中旬 ~5 月（发芽适温：20~30℃）
栽种：6 月（生长适温：18~25℃）/ *Amaranthus tricolor* / 苋科

从夏末到秋天，叶子呈现出美丽的颜色，可用于布置花坛。热带地区常将其当作蔬菜食用。本种（雁来红）的叶子具有观赏价值，据说是专门挑选出顶芽不长花芽的系列培育出来的。秋天茎先端的叶子色彩多样。

● 栽培要点

4 月中旬播种到盆里，直接播种则在 5 月进行。不喜移植，宜直接播种到花坛里，植株间距为 40~50 厘米。或是盆栽，在还是小苗的时候移植。喜向阳处，在夕阳映照之下叶色更显美丽。

红色的长条花穗，可做成干花

尾穗苋

别名：仙人谷 / 春播一年生草本 / **花期：**8~10 月 / **花色：**红
高：70~100 厘米 / **播种：**4 月中旬 ~5 月中旬（发芽适温：20~30℃）
Amaranthus caudatus / 苋科

雁来红的同属植物，但却是另一品种。茎为红色，红色的花朵聚集在一起形成细绳状的花穗，从茎顶开始往下垂。开花期长，从夏天开到秋天，具有赏花价值，所以适宜在大型的花坛里种植或是做成干花。

● 栽培要点

宜种在光照充足、排水良好的肥沃土壤里，在夕阳的照耀下会显出好看的颜色。4 月中旬 ~5 月中旬播种，不喜移植，所以直接播种的时候就要留好植株间距，盆栽则在长出 3~5 片真叶的时候移植。

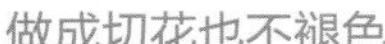

做成切花也不褪色

千日红

春播一年生草本 / **花期：**7~10 月 / **花色：**红、紫红、粉、白
高：30~60 厘米 / **播种：**4 月中旬 ~5 月（发芽适温：20~25℃）
栽种：5 月下旬 ~6 月（生长适温：15~25℃）/ *Gomphrena globosa* / 苋科

分布于南亚和美洲热带地区的一年生草本，开花期长，是从夏天到秋天种植在花坛里的常见花卉。可盆栽、用作切花，尤其是深红色大朵的“草莓田”，非常适合做成切花。球状的花朵做成干花后花色也不会变。

● 栽培要点

4 月中旬 ~5 月进行播种，箱播育苗，当长出 4~6 片真叶的时候定植在光照充足、排水良好的地方，植株间距为 15~30 厘米。注意防止夜盗虫将叶子吃光。

在容器中闪亮登场的花卉

紫芳草

别名：墨西哥紫罗兰 / 春播一年生草本 / **花期：**8~10 月 / **花色：**紫、白
高：15~20 厘米 / **播种：**4 月下旬 ~5 月上旬（发芽适温：20~25℃）
栽种：6 月~7 月中旬（生长适温：15~25℃）/ *Exacum affine* / 龙胆科

非耐寒性一年生草本，紫色或白色的小花绽放出来，几乎可以盖住叶子的部分。不耐寒，所以一般为盆栽。株高 15~20 厘米，是生长繁茂的动人花卉。园艺品种有“小矮人”“蓝色洛可可”“白色洛可可”等。

●栽培要点

发芽适温高，所以要在穴盘等里面播种，并通过有加温设备的苗床进行管理，当长出 4~5 片真叶时上盆至排水良好的砂质土壤中，让植株接受阳光的照射。要想让植株繁茂生长，则可摘心 1~2 次以促进分枝。

从傍晚开始开花，令人熟悉的花朵

紫茉莉

别名：草茉莉 / 春播一年生草本 / **花期：**7~10 月
花色：红、粉、黄、白 / **高：**60~100 厘米
播种：5 月中旬 ~6 月上旬（发芽适温：20~25℃）
Mirabilis jalapa / 紫茉莉科

原产于美国。植株强健、易栽培，在日本为一年生草本。但在温暖地区栽种之后会成为宿根植物，每年都能看到花开。因成熟的种子弄碎后会变成白色的粉末，所以在日本也叫“白粉花”。

●栽培要点

在光照充足、排水良好的地方，春天直接播种。植株间距在 50~60 厘米，每 2~3 粒种在一个地方，发芽后间苗。第二年会自体传播开花。

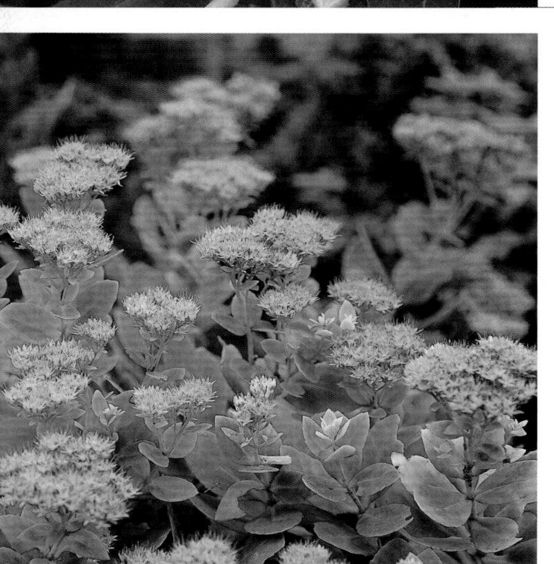

从前就是人们常用的庭院花卉

长药八宝

耐寒性多年生草本 / **花期：**8~10 月 / **花色：**粉、白 / **高：**30~70 厘米
栽种：3~4 月、10 月上旬 ~11 月上旬（生长适温：15~25℃）
Hylotelephium spectabile / 景天科

原产于中国的多肉植物，长出的花簇比野生于日本的景天八宝还要大。从前就有种在庭院里或用作切花、盆栽等，除在石头造景之间栽种外，因喜干燥的环境，所以也非常适合栽种在岩石花园中。园艺品种有“微光红宝石”等。

●栽培要点

宜在光照充足、排水良好的地方栽种。易栽培，春天栽种苗株外，还可以通过分株、插芽的方式繁殖。宜用 6 号以上的大花盆。

告知深秋的到来，香气扑鼻的花木

桂花

常绿小乔木 / 花期：9~10 月
花色：橙、黄、白 / **高：**5~10 米
栽种：4 月~5 月上旬、9 月（生长适温：15~25℃）
Osmanthus fragrans / 木犀科

原产于中国，在叶腋处长出小花并簇拥开放，周边一带都会被花香包围。不太耐寒，但是强健、易生长，是许多园艺人士想在庭院里种上一株的植物。有花为乳白色的银桂、带黄白色的金桂及四季开花的桂花品种等。

●栽培要点

耐日阴，但是在日阴处花朵长得不好，宜在有光照、排水良好的肥沃土壤里种植。放任不管也能长成椭圆形的树形，但每年还需要修剪枝条，调整一下树形。2 月施油渣、骨粉或是复合肥料。

桂花与紫色的胡枝子

长在山野的向阳处

三脉紫菀

耐寒性多年生草本 / 花期：8~10 月 / **花色：**蓝紫、白、深蓝紫
高：50~60 厘米 / **栽种：**3~4 月（生长适温：10~20℃）
Aster ageratoides / 菊科

除了北海道外，三脉紫菀野生于日本光照充足的草原等地，为多年生草本。一般从夏天到秋天开的花为深蓝紫色。可庭院种植或盆栽。近亲植物有箱根菊、匙叶紫菀、立山菊、东风菜、紫菀等。

●栽培要点

三脉紫菀是非常强健、易栽培的草花。3~4 月，在有光照、半日阴、排水良好的地方栽种。土壤表面干燥的时候要及时浇水。盆栽时每年移植 1 次，宜在春天移植。

大天人菊

从种子开始种植也能简单栽培的多年生草本。花朵呈舌状，开花后也圆圆的，十分可爱。

蛇目菊

株高 15~20 厘米，会开出许多直径约为 1.5 厘米的花朵。别名墨西哥百日菊。

龙胆

花坛适合种植像虾夷龙胆等（见第 181 页）植株直立的品种，该品种匍匐生长。

灌木须尾草

与原产于南非的芦荟相似的多肉植物。学名为“*Bulbine frutescens*”。

蜀葵

与木芙蓉同属的多年生草本。株高 2 米以上。别名一丈红。

林下鼠尾草

株高约 1 米的鼠尾草人工杂交品种。不会横向生长，所以适合种植在较狭窄的地方。

鼠尾草“东方弗里斯兰”

林荫鼠尾草（见第 186 页）的园艺品种。深蓝紫色的花朵十分美丽。

轮生鼠尾草“紫雨”

原产于欧洲的轮生鼠尾草的园艺品种。株高 1 米左右。

蓝英花

原产于中美洲、南美洲的茄科多年生草本。不耐寒，所以被归为一年生草本。

美国蜡梅

原产于北美洲的飘香花木。花朵直径约为 5 厘米。别名美国夏蜡梅。

蟹爪兰

以盆栽的形式上市的仙人指属植物。有许多品种，花色丰富。

吉祥草

为一种山野草，适合种植在日阴处，作为庭院的地被植物。与麦冬相像，但稍微大一些。

寒丁子

原产于美国热带地区的常绿灌木。以盆栽形式上市，温暖地区也能在庭院里种植。

葱兰

直径约为 3 厘米的白花接连开放。葱莲属植物（见第 152 页）的一种。

南美水仙

原产于南非。开香气迷人的白花，春植球根。别名亚马逊百合。

凤梨百合

原产于美国的春植球根。因花序的形态而得名凤梨百合。

冬之花

Winter

冬之庭

美丽的圣诞玫瑰的登场让冬天的庭院一下子变得更加华丽了。山茶和蜡梅等不畏严寒的花木已经很美了，再加上欧洲金盏花、梳黄菊等明亮花色的草花，更有焕然一新之感。现在还多了羽衣甘蓝等美丽的品种。

花园仙客来

绽放出圣诞玫瑰的冬季庭院

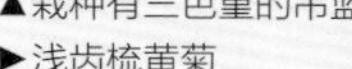

▲栽种有三色堇的吊篮

►浅齿梳黄菊

小型品种

随着春天的到来，梗逐渐直立起来

混栽的小型品种

为冬天增添了华丽的色彩，营造喜悦的氛围

羽衣甘蓝

别名：叶牡丹 / 夏播一年生草本
观赏期：11 月 ~ 第二年 2 月
叶色：红、粉、紫、白 / **高：**30~70 厘米
播种：7 月下旬 ~8 月上旬（发芽适温：18℃）
Brassica oleracea var. *acephala* / 十字花科

羽衣甘蓝是卷心菜、西蓝花的近亲品种，江户时代作为蔬菜引入日本。之后开始作为冬天的观赏植物栽培。在日本是具有独特观赏价值的植物，在干燥的冬天，可谓是为户外增添色彩的宝物，是冬天花坛里少不了的花卉。

●栽培要点

7 月下旬固定播种，第 1 代杂交种在 8 月上旬播种，发芽后让植株充分沐浴在阳光下，让其生长成紧凑的株形，9 月左右定植。忌多肥，控制好氮肥的施用量。栽培小型品种时，则要极力控制好晚上的浇水量，让其保持略微干燥的状态。

在初冬的向阳处生长着生机勃勃的羽衣甘蓝、万寿菊、四季秋海棠

从春天到晚秋持续绽放的花卉

四季秋海棠

别名：四季海棠 / 半耐寒性多年生草本或春播一年生草本 / **花期：**5~11 月
花色：红、粉、橙、白 / **高：**15~40 厘米 / **播种：**5 月上旬（发芽适温：20~25℃）
栽种：5 月 ~6 月中旬（生长适温：15~25℃）
Begonia semperflorens / 秋海棠科

原产地在巴西。从春天到降霜时期会接连开出小型的花朵。盆花在 10℃以上的冬天也能持续开放，但是在花坛、户外的方形花盆里种植会被归为春播一年生草本。植株繁茂，适合栽培在吊篮里。有绿叶系和铜叶系。

● **栽培要点**

虽然是喜半日阴的秋海棠属植物，但是本种宜种在向阳处。盆花宜放置在有光照的窗边，土壤表面干燥后要浇水。10 月施以稀释过的液肥。盆苗在降霜过后移栽到花坛里。

从秋天开始能长期观赏的球根花卉

酢浆草

别名：酸味草 / 秋植球根 / **花期：**10 月 ~ 第二年 4 月
花色：粉、黄、白 / **高：**10~40 厘米 / **栽种：**7~9 月（生长适温：15~20℃）
Oxalis / 酢浆草科

比较耐寒，在温暖地区进行露地栽培也能过冬。开花期长，叶美，小球根非常适合养在花盆里并放置在窗边进行观赏。容易买到的品种有带花蕾、有线状红筋的双色冰激凌酢浆草，秀丽动人。

● **栽培要点**

若排水良好，则不需挑土质植株也能生长，在植株发芽的时候施少量肥料，再偶尔施一些液肥即可。光照充足是栽培酢浆草的必需条件，在日阴处栽培会不开花。若避开降霜，并且气温在 5℃以上，则即使在户外也能越冬。

强健、易栽培的多年生草本

头花蓼

耐寒性多年生草本 / **花期：**9~12 月 / **花色：**粉 / **高：**8~15 厘米
栽种：3~4 月（生长适温：15~25℃）
Persicaria capitata（=*Polygonum capitatum*）/ 蓼科

原产于喜马拉雅山区的多年生草本。匍匐茎从与地面接触的节处开始发根，1 株在 50 厘米的范围内生长。叶呈暗紫色，呈 V 字形。从秋天到冬天粉色的花序覆盖全株。可以栽培在容器、吊盆里或作为地被植物等。

● **栽培要点**

在温暖地区为常绿植物，遇霜时地上部分会枯萎。在 −5℃的地方要放置在室内越冬。在向阳处或半日阴处生长，耐旱耐热，无须施肥。通过插芽、分株繁殖。

冬天在海岸上绽放的强健花卉

矶菊

耐寒性多年生草本 / **花期**：秋 / **花色**：黄 / **高**：30~40 厘米
栽种：春至夏（生长适温：10~25℃）
Chrysanthemum pacificum / 菊科

群生于日本关东至东海地区的太平洋侧的多年生草本，与藿香蓟相似的黄色花朵密集开放，美丽夺目。叶多肉，背面被白毛，外表看上去叶子像有白色镶边，非常好看。

●栽培要点

喜光照充足微干的土壤。盆栽宜在土壤里混入约 2 成的沙。避免多肥，每 2 个月施 1 次缓效性肥料。开花后将茎修剪至植株基部。5~7 月插芽繁殖。

美丽的圆叶冬菊

大吴风草

别名：八角乌、活血莲 / 耐寒性多年生草本 / **花期**：10~11 月
花色：黄 / **高**：30~50 厘米 / **栽种**：春、秋（生长适温：10~25℃）
Farfugium japonicum / 菊科

有着大大的深绿色且富有光泽的肾形叶，晚秋时期开始开花。也有斑叶品种。从前就常被种植在日式庭院里的常绿树木的基部旁。耐日阴，所以在比较阴暗的花园里是最好的地被植物。嫩茎叶还能做成腌渍物食用。

●栽培要点

喜在比较明亮的半日阴地和稍微湿润的地方。要避免阳光的直接照射。非常强健，所以不怎么挑土壤。栽种的时候要加入腐殖土，植株能很好地生长。

耐寒，在整个冬天都美丽绽放

欧洲金盏花

别名：不知冬 / 秋播一年生草本 / **花期**：11 月~ 第二年 5 月 / **花色**：橙
高：20~30 厘米 / **播种**：9 月上旬 ~10 月（发芽适温：15~20℃）
栽种：9~11 月（生长适温：10~20℃）
Calendula / 菊科

该花是金盏花属植物，花朵直径为 1~2 厘米，虽然比较小，但是在严冬时期也能接连开放，所以又叫“不知冬”。能为冬天花少的花坛增添活力和色彩。

●栽培要点

秋天播种，但是种子不喜光，所以需要轻轻覆盖上一层土壤。宜选在光照充足、排水良好，具有弱碱性的土壤栽种。重新施石灰之后种植。开花期长，所以要勤摘残花，约每 10 天施液肥 1 次，要坚持进行，这样能让花朵长期绽放。

从冬天到初春，色彩华丽的梳黄菊、西洋杜鹃、三色堇和白晶菊

在冬天绽放出有魅力的金黄色花朵

梳黄菊

半耐寒性常绿灌木 / **花期**：11 月 ~ 第二年 5 月
花色：明黄 / **高**：60~70 厘米 / **栽种**：5 月、9~10 月
Euryops pectinatus / 菊科

冬天开出明黄色的单瓣花，花朵绽放的样子尤为夺目。原产于南非，但是耐寒性强，只要避开降霜在户外也能很好地持续开花。深裂的灰绿色叶子与花朵形成对比，十分美丽。除了可种植在花坛里，其矮生品种也常以盆花的形式流通于市面。

●栽培要点

宜在光照充足、避开北风的地方种植。寒冷地区以盆栽的方式放置在室内光照充足的地方。要稍微控制好浇水量及氮肥量，每月施肥 1 次。

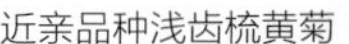

近亲品种浅齿梳黄菊

杂交铁筷子

优美的花姿与日式庭院相搭

圣诞玫瑰

别名：铁筷子、东方嚏根草 / 耐寒性多年生草本
花期：12 月 ~ 第二年 3 月
花色：红、粉、橙、黄、绿、紫、白
高：25~40 厘米
分株与栽种：9 月下旬 ~10 月中旬（生长适温：5~20℃）
Helleborus / 毛茛科

耐寒、耐日阴的多年生草本，为花少的冬天到初春时期的庭院增添了色彩。原来圣诞玫瑰指的是开白花的黑嚏根草。但是市面上流通较多的是春天开花的东方铁筷子的园艺品种（四旬斋玫瑰）。也有栽培直立生长的原种的。

●栽培要点

不喜炎热的夏天和高温多湿的气候，所以夏天放置在树荫处进行管理。从秋天到春天是植株的生育期，主要不要让植株干旱。移植的时候尽可能地不要分株，宜移植到比较大的花盆里。

黑嚏根草

▲带镶边的大株铁筷子

►斯特恩嚏根草

▼华丽的重瓣品种

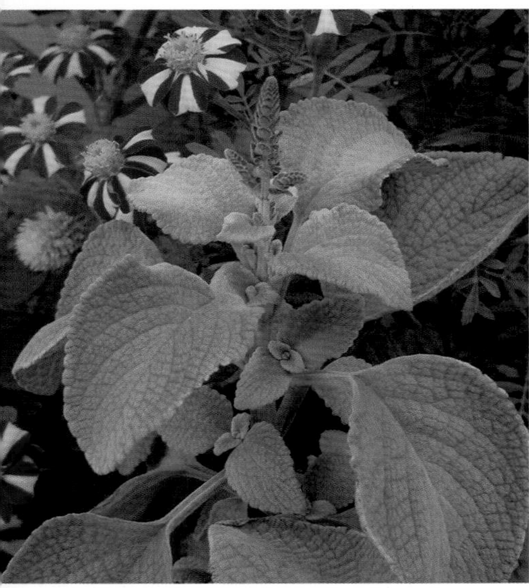

叶色美丽是其魅力所在

银叶香茶菜

非耐寒性多年生草本 / **观赏期**：全年
叶色：绿、黄绿 / **高**：30~60 厘米
栽种：5~6 月（生长适温：17~25℃）
Plectranthus argentatus‘Sliver Shield’/ 唇形科

叶被白色棉毛，看起来像银叶。植株强健，因此在冬天之外的季节都能在户外生长。比较耐旱，所以在温暖地区能种植在花坛里。与其他植物进行混栽会凸显其存在。会开出朴素淡雅的白色花朵。

●栽培要点

宜种在明亮的地方，避免强烈的太阳光直射。略喜干，所以在土壤表面干燥之后再浇水。从春天至秋天每月施肥 1 次。遇霜会伤植株，所以从 11 月开始将植株放置在室内保护。

缤纷的果色，享受观赏的乐趣

五色椒

春播一年生草本 / **观赏期**：8~10 月 / **果色**：红、橙、紫、黄、白 / **高**：70~80 厘米
播种：5 月（发芽适温：20~25℃）/ **栽种**：6 月（生长适温：20~25℃）
Capsicum annuum / 茄科

五色椒是具有观赏价值的辣椒，正如其名中有“五色”，果实有红色、紫色、黄色、橙色等色彩，变化丰富。代表性的品种有果实像球一样，颜色有紫色、黄色、橙色、红色、白色且会变化，覆盖植株生长的“菊姬”；还有果实呈圆锥形，从乳白色变化成红色的“旭光”等。

●栽培要点

5 月播种到育苗箱里，当长出 2~3 片真叶的时候移植到塑料花盆里。长出 6~7 片真叶的时候，种植到花坛里，植株间距为 25 厘米。挑选 5 号花盆，每盆 1 株。

蓝彩鸾花

让人想起那淡淡的恋爱之心

初恋草

别名：彩鸾花 / 半耐寒性常绿灌木 / **开花期**：10 月 ~ 第二年 1 月
花色：黄、橙、粉、蓝 / **高**：20~40 厘米 / **栽种**：10~11 月、3~4 月
Leschenaultia / 草海桐科

从秋天到初春植株开出许多粉色、橙色、黄色且具有独特花形的花朵。蓝彩鸾花长有鲜艳的蓝色花朵，在市面上流通较多，美丽的花色十分受人欢迎。主要以盆花的形式流通。

●栽培要点

让植株从春天到秋天在户外感受充足的阳光照耀，土壤表面干燥时再浇水。梅雨时期宜放置在屋檐下，不要让雨淋到。不耐寒，所以冬天宜放置在室内窗边保护。

无土也能开花

秋水仙

别名：草地番红花 / 秋植球根 / **花期：**10~11 月 / **花色：**粉、紫、白
高：20~30 厘米 / **栽种：**9~10 月（生长适温：10~20℃）
Colchicum / 秋水仙科（百合科）

原产于欧洲、西亚、北非的球根植物。以将球根摆放在桌子上也能开出粉色等秀丽动人的花朵而闻名。除在篮子里无土栽培之外，还能种植在花坛、花盆里栽培享受园艺和观赏的乐趣。园艺品种有“水百合”“巨人”等。

●栽培要点

喜排水良好的砂质土壤，秋天深植 20 厘米，2~3 年内放任不管也能生长。在庭院的草坪上群植会非常好看。要想享受无土栽培的乐趣，则要提前将球根种在土壤里，让植株长出叶子，球根变肥大。

也常用于做菜

番红花

秋植球根 / **花期：**10 月下旬 ~11 月上旬 / **花色：**浅紫 / **高：**约 15 厘米
栽种：9 月中、下旬（生长适温 10~20℃）
Crocus sativus / 鸢尾科

该花是原产于欧洲南部到小亚细亚半岛的球根植物，属于番红花属，主要用途为摘取其红色的雌蕊入药，能起到镇静、止咳、强健身体的作用，做菜可起到调色作用。从秋天至冬天开花，可以种植在花坛、花盆里，也可水培，花朵会散发出芳香味。

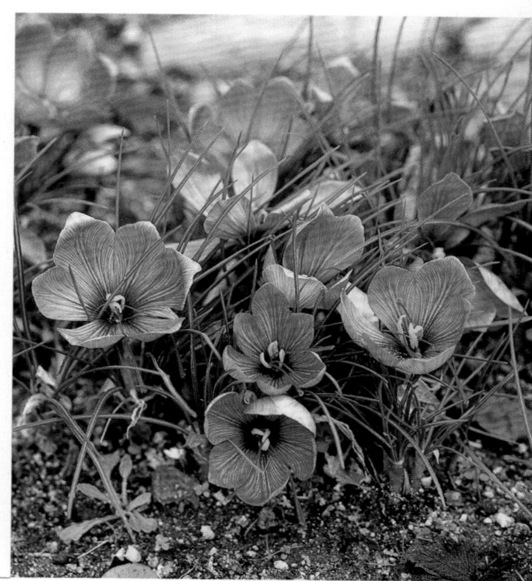

●栽培要点

在光照充足、排水良好的土壤里施有机肥料，在深 5~6 厘米的土壤里种植。盆栽选用 5 号盆，每盆种 5~10 棵球，密植可以看到盆栽里美丽的花朵绽放。开花后施肥培土让叶子茂密生长，球根变肥大。

清丽的花形与迷人的芳香

彩眼花

春植球根 / **花期：**9~10 月 / **花色：**白 / **高：**60~100 厘米
栽种：5 月（生长适温：18~25℃）
Gladiolus murielae / 鸢尾科

野生于热带和南非地区，与唐菖蒲相似的花筒部横向长出花朵。双色唐菖蒲约 60 厘米长的花茎上长出 5~6 朵花。白色的花朵呈星形，中心有紫褐色的斑纹，带芳香。园艺品种有“兹瓦嫩堡”等。

●栽培要点

球根在 5 月栽种。栽培方法和唐菖蒲一样。与唐菖蒲相比耐寒性较差，所以球根要提早起球放置在室内储藏。

温暖地区也能在庭院里种植

垂筒花

春植球根 / **花期：**8~10 月、11 月 ~ 第二年 2 月 / **花色：**橙、桃、黄、白
高：20~30 厘米 / **栽种：**3 月下旬、9 月下旬（生长适温：12~22℃）
Cyrtanthus / 石蒜科

原产于南非的半耐寒性球根植物。有许多细细的叶子，细长的筒状花朵下垂绽放。垂筒花属植物有夏天至秋天开花型和冬天开花型两类。温暖地区可以露地栽培，但是多种植在花盆或是苗床内。也是用作切花的高人气材料。

● **栽培要点**

在日本关东以西的温暖地区，多铺上一点稻草以帮助其越冬。盆土中赤玉土、腐殖土和熏炭的配比为 5∶2∶3，浅植球根，稍微露出一些就行。每 3~4 年进行一次移植、分球。

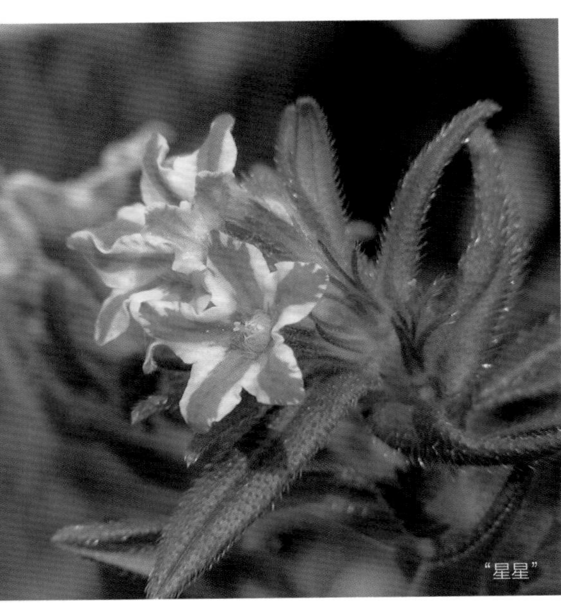

“星星”

美丽的蓝花十分有魅力

匍匐木紫草

常绿灌木 / **花期：**2~6 月 / **花色：**蓝、紫、白 / **高：**15~30 厘米
栽种：3~4 月、10 月 ~11 月上旬（生长适温：15~20℃）
Lithodora diffusa / 紫草科

在日本名叫“深山梓木草”，有时候直接略掉“深山”称其为“梓木草”，但其实是与梓木草不同属别的植物。粉色、紫色的花蕾中开出鲜艳的蓝色或紫色花朵，非常美丽。匍匐生长，所以适合种植在岩石花园。有白中带蓝如星星般的“星星”等品种。可盆栽、混栽。

● **栽培要点**

喜光照充足、排水良好的土壤。要控制好施肥量，约每月施 1 次液肥。不喜高温多湿，所以在酷暑时期宜移至半日阴的凉爽地方来管理。

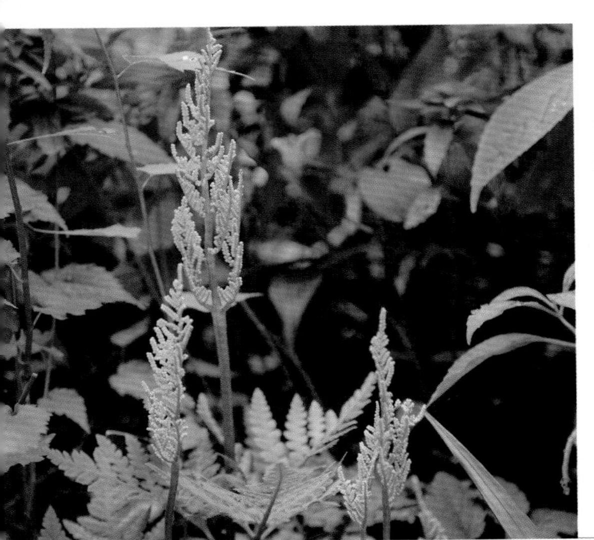

像花朵般的孢子囊穗十分有趣

阴地蕨

耐寒性多年生草本（蕨类植物）/ **观赏期：**9 月 ~ 第二年 3 月 / **花色：**黄褐色
高：10~25 厘米 / **栽种：**7 月下旬（生长适温：10~20℃）/ *Botrychium ternatum* / 箭蕨科

从秋天到初春，低矮层叠的叶子之间挺立起带孢子的穗，穗为黄金色。常见于村落旁的山野里，与石蒜一样，是山野里的一道风光。可作为观赏植物种植到庭院里，盆栽也非常有意思。

● **栽培要点**

盆栽时于 7 月下旬（植株进入休眠期）在稍微深的花盆里加入排水良好的培养土栽种。生育期为秋天至春天，定期施稀释过的液肥。注意不要让植株缺水，也忌过湿。

如蜡制品般的纤细花朵

蜡梅

落叶灌木 / 花期：12 月 ~ 第二年 2 月 / **花色**：黄、白 / **高**：2~4 米
栽种：11~12 月、2~3 月（生长适温：15~20℃）
Chimonanthus praecox / 蜡梅科

株高 2~4 米，冬天树枝会长出直径约为 2 厘米的细巧花朵，如干燥处理过了一般。花的外侧为沉着的黄色，内侧为褐色，香气迷人，在冬天的空气中显得格外高雅芳香。

●栽培要点

宜在光照充足，避开西晒的肥沃湿润的地方种植。生长慢，所以调整树形时只需把打乱树形的树枝在新芽阶段进行弱剪。如发现由茎的基部长出了分枝就修剪掉，施寒肥、堆肥、油渣等肥料。

茶席上的常用插花材料

山茶

常绿乔木、常绿灌木 / 花期：10 月下旬 ~ 第二年 4 月、10~12 月
花色：白、红、粉、黄 / **高**：2~10 米
栽种：3 月中旬 ~6 月中旬、9 月上旬 ~10 月中旬（生长适温：10~20℃）
Camellia japonica / 山茶科

从前就深受许多人喜爱的花木，也是茶席上的常用插花材料，以野生品种为基础培育出了许多园艺品种。谈到日本的山茶花，基本上是野生在本州和冲绳地区的开红色单瓣花的“薮椿”。山茶属植物的花会整朵掉落。

●栽培要点

喜有光照、排水良好的肥沃土壤，但是要避免干旱，所以要避开午后的阳光照射。萌芽能力强，因此要勤修剪，但是在花芽长出来的 7 月以后无须修剪。

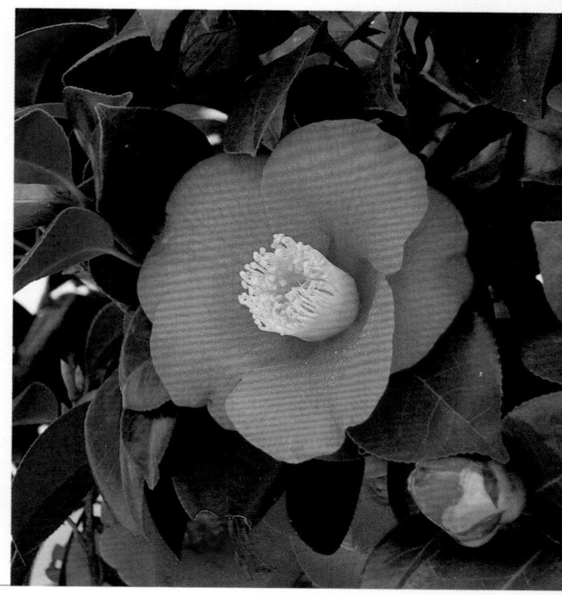

从冬天至初春为庭院增添亮色的花木

少花蜡瓣花

别名：小叶瑞木 / **落叶灌木 / 花期**：3 月上旬 ~4 月
花色：黄 / **高**：1~2 米 / **栽种**：2 月下旬 ~3 月中旬（生长适温：10~20℃）
Corylopsis pauciflora / 金缕梅科

在叶子长出来之前浅黄色的小花下垂开放。细枝在地面密生并直立生长，形成自然的树形，因此无须花太多工夫管理。常用作庭院树木和公园树木。

●栽培要点

适宜种在半日阴的地方，光照充足则会开花。栽种时将腐殖土充分混入土壤里，可以让植株生长得更好。不能重剪，可将多余的枝条拔掉以修正树形。

球根秋海棠

品种繁多、花色丰富。也有开出花朵直径达 20 厘米以上的大花品种。

黄金脆饼

开出许多直径约为 1 厘米的黄色头状花朵。和梳黄菊同属。

十大功劳

十大功劳属的园艺品种。小叶子与柊树的叶子相像。

朱砂根

有着美丽红色果实的小灌木。从前作为一种吉祥的植物种植在花盆和庭院里。

欧石楠“圣诞游行”

以盆栽的形式上市，欧石楠属灌木的一种。小型常绿灌木，白色至粉色的花朵十分美丽。

圣诞欧石楠

自古就有栽培的欧石楠属灌木。比较耐寒，在温暖地区也能种植在庭院里。

无翅柳南香“南十字星”

原产于澳大利亚的芸香科植物石南香的近亲品种。以盆栽的形式上市。不耐寒。

异叶石南香

能开出直径约为 1 厘米的粉色花蕾形花朵，是常见的石南香属植物。

灌木状秋海棠

花呈伞状花序的秋海棠。以盆栽的形式出售。品种繁多。

玫瑰海棠

冬天以盆花的形式上市，为多彩的秋海棠属植物。别名丽格海棠。

瓜叶菊

华丽的冬日盆花，品种繁多。又称富贵菊。

立金花

原产于南非的小球根花卉。花色丰富，种类繁多。不耐寒。

珊瑚樱

可以种植在庭院里的茄科小灌木。果实颜色有白色、橙色、红色的变化。

卷耳

作为银叶植物，叶子具有观赏价值。全年生长，非常美丽。

粉花银叶菊

千里光属植物，叶羽状深裂。

银叶菊

又有“Dusty miller（沾灰的磨坊工）”之称，和银白菊蒿是不同属别的植物。

园艺用语小知识

F1 代：通过植株间的人工杂交培育出的第 1 代杂种。即使取其种子播种，也不会和父、母本长成一样的植株。

矮生：指植株矮小。矮生种指株高较矮的一类植物。

半耐寒性植物：能忍耐接近 0℃的低温，只要避开霜冻，在户外也能越冬的植物。

半日阴：指通过叶子之间的间隙有一定的阳光照射的地方，或是用寒冷纱等进行遮光处理的地方，又或是 1 天中有 3~4 小时光照的地方。

伴生植物：指能近距离种植、混栽并起到良好组合效果的植物。植株颜色和外形都具有观赏价值。

残花：枯萎、凋零的花朵。若不需要结果取种，则宜尽早摘除。

草木灰：草木燃烧后的残余物，呈碱性。作为富含钾的有机肥料使用。

侧芽：与茎先端的芽（顶芽）相对，从叶腋长出的芽，又称腋芽。

插芽：将草本植物的茎插入土中让其生根发芽，长成新株。在日本，插芽专指草本植物的扦插。

长日植物：春天日照时间变长后长花芽、开花的植物。

成活：栽种在花坛的植株扎根于土壤并开始生长。

春播：指在春天播种，让植物生长的栽培方法。

雌雄异花：指有的植物有雌蕊发达的雌花和雄蕊发达的雄花。

雌雄异株：指有的植物有只开雌花的雌株和只开雄花的雄株之分。

氮：肥料三要素之一，是滋养叶子的重要元素，故也称“叶肥”。氮不足则叶子变小、叶色不好。

氮肥：富含氮的肥料，如油渣、尿素等。

地被植物：指用来覆盖地表的植物。通常该类植物偏低矮，一般用植株较强健的植物作为地被植物。

点播：播种的方法之一。间隔一定的距离，在 1 个地方播下数粒种子。

定植：指将幼苗移栽到固定的栽培地。

短日植物：秋天日照时间变短后长花芽、开花的植物。

堆肥：稻草、树皮等加上家畜的粪便堆积、腐熟后的物质。可让土壤更加疏松透气，富含养料等。常用作改善土质的材料。

多年生草本植物：同一植株能持续数年生长的草本植物，如宿根花卉、球根植物、常绿草本植物等。

二年生草本植物：从发芽到开花、结果要花 1 年以上（2 年以内）的时间，一旦结果就枯萎的草本植物。春天播种，即使发芽也多在越冬后第 2 年的春天到夏天才生长、开花。

发芽适温：指种子发芽的适宜温度。根据植物的种类不同，温度也有所不同。

方形花盆：指长方形的大花盆。一般圆形、正方形的大型花盆被称为容器。

非耐寒性植物：不耐寒，不提高温度就无法越冬的植物。

分枝：指生长出来的腋芽发育成枝条分开。

分株：多年生草本植物长大后，将其分成 2 株以上，并分开栽种，是一种植物繁殖方法，也有让植株复壮的效果。

腐殖土：指落叶等通过发酵、腐烂成熟后形成的土壤改良材料，它可以改善土壤的透气性。

复合肥料：通过化工制造的化学肥料，含氮、磷、钾 2 种或 2 种以上的肥料。

覆盖栽培法：将腐殖土、堆肥、稻壳、稻草等覆盖在植物的根部。可以预防降雨引起的土壤侵蚀、土壤干燥、冬天低温等情况。

覆土：指播种之后覆盖土壤。一般来说，覆土厚度约为种子直径的 3 倍。对喜光种子只需薄薄地盖上一层土即可。

根腐：根系爆盆、过湿、高温或低温、肥料过多等原因引起的根部腐烂。

根瘤菌：在豆科植物等的根部共生并形成根瘤的微生物。豆科的根瘤可以固定空气中的氮，将其转换成可利用的形态供植物利用。

根坨：在花盆等容器里培育的苗株的根展开导致土壤呈盆形固定的状态。根多情况下要一点一点慢慢挖出。

根系爆盆：指随着植株生长，花盆和容器里植株的根部生长空间变得很有限，透气性、排水性、养分的吸收能力等变差。

耕土：为了让植物生长，耕耘好的富含有机质的土壤。

固定品种：性状有一定的固定特性的品种。如果不与其他品种进行杂交，用其结出的种子进行播种，能得到有同样性状的植株。

光合作用：指植物利用光能，以水和二氧化碳作为原料，合成糖、淀粉等有机物的过程。

光敏感种子：即喜光种子。

寒冷纱：用于调整光线量的网状布，也有防寒的作用。

花柄：指从枝条上生长出来柄，在其先端着生 1 朵花，其中像茎的部分就是花柄。

花簇：许多花朵长在一起，称为花簇。

花梗：指花的基部连接茎、叶腋的柄部，又称“花柄”。

花架：用细板组成格子状的板子，植物可在其上攀缘，是供花盆、吊篮中的植株攀爬的像篱笆一样的东西。

花境：沿着篱笆或墙壁制作的呈带状的狭长花坛，也称为带状花坛。

花序：花在花轴上排列的状态，以及排列的花的集合。有时也与花簇、花穗等同义。

花芽：会发育成花或花序的芽。生长后会长出花蕾，成为会开花的枝芽。

花芽分化：指植物长出花芽的过程。受光照时长和温度等的影响。植物种类不同，分化的条件、时期也会有所不同。

化学肥料：通过化工制造出来的肥料。根据所含成分的不同，分为单元肥料和复合肥料。

环形爬藤架：是支撑牵牛花、铁线莲等攀缘植物生长的一种园艺工具。在几个支柱上绕 2~3 个环，做成像“灯笼支架”的样子，藤蔓在其上呈螺旋状缠绕。主要用在盆栽中。

缓效性肥料：养分释放缓慢、能长时间持续起效的肥料。不会立刻起效，但是可以不用担心伤根。

基肥：植物种植前提前施在土壤中的肥料。多用随着植物的生长缓慢起效的缓效性复合肥料、油渣等有机肥料。

忌地：在同一个地方连续栽培同一种植物时，会引起植物生长发育不良的情况，也称为“连作障碍”。

肥料的种类及施肥方法

◆ 肥料三要素

植物生长的过程中，需要氮、磷、钾、钙、镁等元素。普通的土壤里就含有这些元素。但在同一个地方长期种植植物后，土壤中会缺乏相关的元素。为了补充这些缺乏的元素，需要施用肥料。植物需要较多又比较缺乏的元素最主要的是氮（N）、磷（P）、钾（K）这 3 种，也称为“肥料三要素”。市售的肥料包装上会标明N:P:K=12:10:8之类的字样，指肥料中所含这 3 种元素的配比。

◆ 有机肥料和无机肥料

肥料有以油渣、鱼粉、骨粉、鸡粪、草木灰等动植物为原料的有机肥料和通过化工制成的无机肥料（又称化学肥料）这两类。有机肥料含有大量的微量元素，经土壤中的微生物分解后被植物吸收，肥效较长、较安全，多用作基肥。化学肥料多数价格较便宜，肥效快，但是使用过量可能会损害植物根部的吸收功能，造成植物枯萎。

复合肥料是含有必要元素的化学肥料，含有氮、磷、钾 2 种或 2 种以上。根据加工方式可分为缓效性肥料和速效性肥料 2 种。

◆ 液体肥料和固体肥料

肥料中有溶于水的液体肥料和呈颗粒状的固体肥料。施用液体肥料后，植物可迅速吸收，肥效快。固体肥料需一点点地溶出营养成分后让植物吸收，但溶解速度各有不同。

◆ 基肥和追肥

种植苗株的时候，混于庭院、花坛、花盆的土中的肥料叫作基肥；植物生长发育过程中施加的肥料叫作追肥。在施好基肥之余适量地施用追肥是施肥的好方法。推荐使用肥效较长、较缓的

钾：肥料三要素之一，可让根、茎变得强健，所以被称为“根肥”。

嫁接：用耐病性强、植株强健的品种作为砧木，然后接上另一植株的枝、芽。像蔷薇属植物中，植株强健的野蔷薇等常被用作嫁接的砧木。

间苗：为了不让苗与苗之间距离过密，将多出来的幼苗拔除或剪除，只留下生长发育良好的，并将植株较大的与较小的分隔开。因为实生繁殖的时候可能会有不发芽、植株在育苗期枯萎等情况，所以一般会在播种的时候多撒播一些种子，然后随着植株生长，逐渐减少植株的数量。

浇叶：指给叶子淋水，目的是洗掉叶子上面的灰尘、红蜘蛛，降低植物的温度，提高空气中的湿度。

科：系统上将认为是近亲的属别归为一类的生物分类单位。最近随着人们对 DNA 解析等的进一步了解，也有人提出了分类的新说法。也有许多一种植物被归入不同科的情况。

苦土：指氧化镁。镁是辅助叶子进行光合作用的元素，镁含量不足时叶色会变差。

苦土石灰：含有苦土的石灰质肥料，可用来调整土壤的酸碱度（pH）。与苦土和石灰相比，会使土壤更偏碱性。

礼肥：开花后让疲惫的植株恢复原有生机的肥料。一年生草本植物无须使用。

连作：指连续在同一个地方栽培同一种或同一科的植物。有些植物连作会引起连作障碍，造成植株生长发育不良。

连作障碍：在同一个地方反复栽培同一种植物而引起的植株生长发育不良等现象。其原因是缺乏特定养分或养分过剩、自毒作用引起的有毒成分蓄积、病虫害的增殖等。

磷：肥料三要素之一，是促使植物开花结果的必要元素。也叫“实肥”。磷不足时，花少，果实也会长得不好。

留独株：挑选幼苗或植株，只留下 1 株好的幼苗或植株。

落叶树：秋天落叶，冬天没有叶子的树木。

木醋液：烧制木炭时附带制作出来的茶褐色液体。pH 为 2.0~3.0，为强酸性，有改良土壤、制作驱虫剂等作用。

耐病性：指植物具有的对病原物耐受程度的性状。

耐寒性：指植物具有的耐寒的能力。一般称耐寒性强的植物“具有耐寒性”。

耐寒植物：耐寒性强，耐得住 0℃以下低温的植物。即使在冬天也能在户外生长。

耐热性：指植物具有的耐热的能力。指该性状的强弱程度。

培土：在幼苗、成株的根部堆土以防止植物倾倒，让根更好地伸展开来。

培养土：让植物在花盆和容器中生长时所用的土。将数种土壤、堆肥、化肥等混合在一起制成的混合土壤。

盆播：将种子播种到浅盆、播种盘等容器里叫盆播。不耐移植的植物则采用直接播种的方法，或盆播后在不伤害到根部的条

固体肥料作为基肥。追肥宜用肥效快而明显的液体肥料。

◆ 盆栽、容器的施肥方法

要想让盆栽和容器中混栽的花朵长期开花，建议在春秋生长期里每 1~2 周施 1 次含磷较多的液肥。按规定的倍数稀释液肥。施液肥可代替浇水，直到盆底有水流出为止。

在植物生长发育状态较差的盛夏和冬天，尽量不施肥。因为植物较虚弱的时候施肥过量可能会造成植物根部腐烂。

◆ 改良花坛的土壤

要想在庭院的花坛里开出美丽的花朵，这一步十分重要。首先需要深耕土壤，让土壤变得疏松透气。使土壤的颗粒与颗粒之间有间隙，新鲜的空气能够进入整个花坛里的土壤里，是园艺的一个要点。

然后，在每平方米土壤里加入约 5 升的堆肥和腐殖土等。让土壤中有水有肥，创造一个植物易于生长的土壤环境。因为堆肥等有机肥料含有丰富的微量元素，所以建议后续管理时多使用无机肥料。

◆ 调整酸度

调整土壤酸度也是栽培要点。草花多喜中性至弱酸性的土壤，但日本的土壤多偏酸性。特别是生长有问荆的地方酸性较强，宜加入石灰进行调和。具体做法为每平方米土壤中加入约 1 把或 2 把石灰或苦土石灰，翻耕土壤。

改良土壤的最佳时期为秋冬时期。调整酸度宜在施堆肥和基肥的 1~2 周前进行。

件下移植。

品种：同一种中，对拥有特定性状的植物的称呼，是生物分类的单位。通过园艺培育出的品种叫作园艺品种。

匍匐茎：从母株生长出来的匍匐茎在生长到一定程度后生根并产生子株。常见于筋骨草等地被植物。

匍匐性：茎沿地面爬行生长的植物特性。

扦插：将植物的茎、叶、根、芽等插入土中，让其生根发芽长成新株。

浅植：栽种苗株和球根的时候，比平常的种植深度要浅一些。

强剪：以调整植株的形态、抑制植株生长为目的的修剪。比平时的修剪会更彻底一些。

球茎：短缩膨大的茎，是储藏养分的植物器官。体形肥大，呈球状或卵圆状。

人工杂交：以改良品种等为目的，在有不同性状的个体间进行授粉，培育新株。通过人工杂交培育出来的新株称作人工杂交品种。最近也有在不同品种、不同属别的植株之间进行的人工杂交。

容器：种植植物的花盆等。在日本一般指大型的植株种植花盆。小型的就叫花盆。

撒播：播种方式的一种。即将种子均匀地撒在土壤表面的播种方式。

三要素：即肥料三要素。指植物生长尤其需要的被称为叶肥的氮、实肥的磷、根肥的钾这三类营养元素。

山野草：与经过改良的园艺植物品种相反，山野草是指山中、原野里的野生草花。最近有许多通过实生、插芽等方式繁殖的栽培品种上市。

烧叶：强光直射伤到叶子的现象。叶子会变成褐色，无法恢复原有的生机。

生理障碍：指由于肥料、水分或光照不足等环境条件引起的植物生长发育障碍。与病虫害不同的是，无法使用杀虫剂、灭菌剂治疗，这点要注意。

施肥：指给植物上肥料。

施肥过量：施肥过量或施加的肥料浓度过高会造成植株的生理障碍，叶子和新芽会枯萎。对盆栽的植物，可通过浇大量的水来冲洗掉过量的肥料。

实生：从种子开始发芽生长的植物生长方式。即指用种子播种繁殖。

首花：植株开的第 1 朵花。

授粉树：给雌株或自花的花粉不受精的树提供花粉的树。

属：生物分类中的基本类别之一。将具有同样特征的近亲品种归为一类，称为属。

树皮：将日本冷杉等的树皮捣碎后，除了可以用作覆盖物，还能让其发酵后作为培养土、堆肥等的材料。

四季开花性：开花期几乎从春天持续到秋天（也有冬天都开花的）。虽然热带植物等只要在一定的温度条件下就能持续开花，但是因日本的气候条件等原因，一般植物多为单季开花。

速效性肥料：植物能迅速吸收并起效较快的肥料，如液肥等。

宿根花卉：指冬天植株地上部分即使枯萎了，土壤里的根、茎、芽等也不会枯萎，春天到来后会再次长出新芽，重新生长的植物。可在户外过冬，为多年生草本植物。

抬高苗床：通过砖瓦等堆积抬高床面而建成的花坛。

藤架：让常春藤、蔷薇等的藤蔓缠绕用的木制格子棚架。

徒长：茎和枝生长过旺，纤弱，多由光照不足、密植、水分及氮含量过多、高温等原因引起。

土壤改良材料：为了让植物在良好的土壤环境中生长，混入土壤的物质。常用的有堆肥、腐殖土等。

土壤酸碱度：土壤酸碱性的程度，以 pH 来表示。中性为 pH7.0，低于这一数值则为酸性，高于则为碱性。日本的土壤往往是偏酸性的，所以通常需要加入石灰进行中和。

完熟堆肥：原料里的有机质已完全分解的成熟堆肥。

晚生种：从播种、栽种至开花的这段生长时期较长的品种。生长时期较短的叫“早生种”，生长时期不长也不短的叫“中生种”。

晚霜：晚春至初夏所降的霜。春天种植的苗株新芽常会被其侵害。

微量元素：指植物所必需的元素中，除氮、磷、钾之外的元素。只需极少量即可，因此称为“微量元素”。需求量较大的钙、镁等被称为“中量元素”。

无机肥料：人工合成的氮、磷、钾肥和微量元素肥等化学肥料。肥效高，多为速效性肥料。

喜光种子：不进行光照就难以发芽的种子。因此，播种后只需盖上一层薄薄的土即可。在日本也叫需光种子和光敏感种子。

嫌光种子：受到阳光照射会变得难以发芽的种子。忌光的种子，也称需暗种子。播种时，覆土深度宜为种子直径的 3 倍。

箱播：播种时，并不直接将种子播种到想要种植的地方，而是先播种到育苗箱等容器里，之后再移植。

休眠：在不适合生长的环境下，植物会暂时进入停止生长的状态，称为休眠。

修剪：为修整树形、抑制植株变大而进行的枝条修整工作。其作用还有让植株更好地通风、接受充足的光照，以集中养分开出更多更好的花朵。

需暗种子：即嫌光种子。

需光种子：即喜光种子。

穴盘苗：指用塑料制成的小盒状的育苗拖盘（穴盘）培育出来的小型苗株。

叶面喷肥：指用专用液肥喷洒叶面。有效成分可被叶子直接吸收，起效快。

叶芽：生长起来不会长出花蕾，而是长出叶子和枝条的芽。

液肥：液态的肥料，也叫液体肥料。有将原液稀释过后使用的种类，或将粉末状的肥料溶于水中使用的种类，还有直接使用的种类。速效性液肥适合用作追肥，也可作为叶面肥使用。

腋芽：与茎先端的芽（顶芽）相对，是从叶腋处长出的芽。

一年生草本植物：播种后在 1 年内开花、结果、枯萎的植物。

移植：指将苗株移栽到别处。从播种到发芽阶段将植株种植在塑料花盆里（上盆），后将盆苗栽种到花坛、容器等处（定植）。将成株移到其他地方也可称作移植。

油渣：菜籽、花生、大豆等榨取出油脂后留下的渣，是补充氮的有机肥料。

有机肥料：来源于油渣、骨粉、鸡粪、鱼粉、堆肥等动物性、植物性的肥料。基本上为缓效性肥料。多通过微生物分解来显效。含有微量元素。

引缚：引导攀缘植物缠绕支柱生长的工作。

育苗：通过播种、扦插等方法来培育幼苗。

越年生草本：秋天播种，春天至夏天开花的一年生草本植物。因为植株越年生长而得此名。

杂交：具有不同性质的个体间授粉培育出新植株。培育出的新品种叫作杂交品种。人为进行的植物杂交叫作人工杂交。

早生：从播种到开花期短的品种，也叫早生种。生长时间长的叫“晚生”，生长时间不长不短的叫“中生”。

摘蕾：指摘除花蕾。开出过多的花朵会分散掉养分，为了防止开不出好花就进行摘蕾处理。

摘心：为抑制顶端枝条的生长，将枝条的顶端部位摘去或剪掉。通过摘心，植株会更加低矮、茂盛。

展着剂：在喷洒农药的时候，为让药液更好地浸入植物和虫体里而使用的药剂。

遮光：指铺上寒冷纱遮挡阳光。不耐热的植物常需在酷暑时期进行遮光处理，使植株保持凉爽的状态。

针叶树：叶子细长如针的树的总称。

真叶：与从种子中最开始长出的子叶相反，是之后才长出的叶子，与子叶的形态不一样。

整枝：指为了修整树形进行的修剪、引缚、摘去主枝先端（摘心）摘芽及缠金属线等相关工作。可以调整植株的营养生长及提高通风、透光的效果。

枝变：突然变异的一种，枝条变异产生不同的性状。在蔷薇等植物中，将变异的枝条进行嫁接，通过这类方式繁殖往往会培育出新品种。

直播：从果实中摘取种子后不经保存直接播种。

直根：与地表上部的主干正相反，直向下生长并变得粗大的根。

直接播种：在花坛、花盆等想要种植植物的地方直接进行播种。

中耕：指在栽培过程中，在植株间或土壤表面进行浅层翻耕，以疏松表层土壤让水和空气能在土壤中流通。

种：生物分类的基本单位，如樱花、梅花、向日葵等。将具有同样性状的个体归为一类，称为种。

株间距：在花坛等地栽植苗株的时候，植株之间的间隔。根据植物的大小不同，株间距不同。

追肥：播种、栽植后，随着植物的生长补充施加的肥料。一般用速效性肥料作为追肥。

子房：位于花的雌蕊基部，一般略为膨大。子房发育成果实。

子叶：种子发育时最早长出来的叶子。双子叶植物有 2 片子叶。

自花授粉：同一植株的花粉对同一个体的雌蕊进行授粉。

自体传播：栽培的植物结出的种子通过自然坠落播种。

植物的病虫害

常见的植物病害

白粉病	在新芽和新叶上长有像面粉一样的白粉状霉。常见于蔷薇等庭院树木和草花。多发期为从春天至秋天
灰霉病	症状出现在叶子和花上，会长许多灰霉。梅雨时期容易发病
炭疽病	症状出现在叶子上，病斑中心部分为灰白色，周边长有黑色的斑点。病斑变大后中心会空洞
黑斑病	叶子上长有黑色的斑点。常见于蔷薇属植物
软腐病	地表的植株变软并逐渐腐烂，最后甚至造成植株倒伏
病毒病	叶子上会有不规则的斑点或条纹，花变得畸形。常见于百合等球根花卉
锈病	在叶子和新梢上会有橙黄色的斑点。常见于杜鹃花、蔷薇等庭院树木
茶饼病、缩叶病	叶子如年糕般膨胀或缩小。常见于山茶、茶梅、杜鹃花、梅花、桃等。多发于春天和秋天

常见的植物害虫

蚜虫	群居于植物的嫩叶和花芽处，除了吸食叶子和花朵的汁液外，还会诱发煤污病。常见于三色堇等草花、梅花等庭院树木。常整株发病。一般多发于春天
介壳虫	寄生于枝干，吸食植物的汁液，引起植株的生长发育不良，并诱发煤污病。多见于庭院树木
毛虫类	蚕食茎叶。草花、庭院树木全株发病。特别是山茶科的庭院树木要注意预防茶毒蛾（茶毛虫）侵害
天牛幼虫	在蔷薇等庭院树木的枝干上钻洞并蚕食植株，使其生长发育不良。成虫会蚕食嫩枝的树皮。多发于树木

◆如何预防病害虫

栽培植物容易因为真菌和细菌侵害而得病，或被害虫蚕食。放置在不恰当的环境中会引起植株衰弱，此时容易发生病虫害。因此宜将植株放置在通风良好的地方，让植株健康生长。有病虫害的时候宜及早处理。

◆早发现、早消除

如发现蝴蝶和飞蛾的幼虫等害虫，要立刻用小镊子等去除。蚜虫等小害虫可以用湿纸巾擦拭去除。若叶子和花朵上长有像发霉一样的东西或长斑，很可能是植物得病了。宜将发病部分剪除。

◆早用药、用对药

发现病虫害后，及早喷洒药物能防止病虫害的进一步蔓延。要根据植物的具体病症、害虫类型来挑选药物。有同时具有防病、杀虫效果的药物供选择，宜常备方便使用的喷雾式杀虫、杀菌剂。此外，蔷薇比较容易发生黑斑病、白粉病等病害。果树每年都会发生同样的病虫害，在可以提前预测的情况下，建议预先喷洒适当的药物进行预防。

索引

矮牵牛 66
澳洲茶 59
八角乌 200
芭芒 188
白百合 136
白蝶草 135
白鹤仙 115
白鹤芋 151
白芨 55
白及 55
白晶菊 31
白鹭莞 149
白头婆 179
白熊树 127
百合 136、137
百可花 39
百里香 110
百日草 156
百日菊 156
百瑞木 88
百子莲 150
败酱 179
斑点过路黄 99
苞叶芋 151
报春花 12
北疆风铃草 80
北美红花七叶树 61
贝利氏相思 22
贝细工 159
彼岸花 185
标竿花 141
滨梨 129
滨簪 13
波旦吊钟花 82
波旦风铃草 82
波斯菊 172
波斯毛茛 48
补血草 108
不知冬 200
布狗尾 108
布兰达银莲花 20
布纹吊钟花 61
彩苞鼠尾草 186
彩顶鼠尾草 186
彩虹菊 163
彩鸾花 204
彩眼花 205
彩叶杞柳 128
藏报春 11
藏红花 17
草地番红花 205
草芙蓉 164
草桂花 47
草夹竹桃 110
草茉莉 192
草原龙胆 107
长春花 97
长管香茶菜 181
长管鸢尾 62
长阶花 130
长筒花 167
长星花 87
长药八宝 192
常春藤风铃草 62
朝鲜蓟 96
梣叶槭 128
橙花糙苏 163
初恋草 204
除虫菊 91
雏菊 15
川木通 58
垂筒花 206
春黄菊 129
春星花 18
刺苞菜蓟 159
刺槐 61
刺芹 158
葱兰 152、194
葱莲 152
丛生福禄考 47
丛生三色堇 8
酢浆草 199
簇生花菱草 51
脆叶风铃草 62
翠蝶花 70
翠菊 155
翠蓝菊 155
翠雀 84
翠珠花 62
打破碗花花 180
大滨菊 96
大波斯菊 172
大丁草 95
大飞燕草 84
大和抚子 56
大红蓼 184
大花葱 103
大花剪秋罗 167
大花葵 130
大花四照花 59
大花天竺葵 43
大花萱草 152
大花银莲花 22
大戟 50
大金盏花 35
大丽花 92
大毛叶 98
大天人菊 194
大文字草 178
大吴风草 200
大星芹 62
大羽冠毛菊 95
大紫露草 129
待霄草 75
待雪草 18
倒地铃 147
倒伏荆芥 163
倒挂金钟 74
倒提壶 29
德国鸢尾 104
灯笼花 90
地被菊 174
地肤 183
地黄 83
地榆 183
帝王贝细工 94
棣棠花 58
吊钟海棠 74
钓钟柳 83
东方嚏根草 202
东方罂粟 106
斗篷草 102
毒豆 129
独尾草 101
杜鹃花 61
短舌匹菊 95
钝钉头果 168
盾叶天竺葵 42
多花百日菊 157
多花报春 10
多花红千层 127
多穗马鞭草 130
多头菊 174
多叶羽扇豆 74
莪术 151
鹅河菊 37
蛾蝶花 45
法国万寿菊 176
番红花 205
番薯 114
番薯“布莱基” 168
矾根 130
繁星花 141
飞蓬 94
飞燕草 86
非洲雏菊 34

非洲凤仙花 68
非洲金盏 34
非洲菊 95
非洲太阳花 33
非洲万寿菊 176
非洲勿忘草 29
绯衣草 160
肥皂草 45
肺草 13
粉花银叶菊 208
粉珠花 62
风铃草 80
风信子 17
蜂室花 46
凤蝶草 138
凤梨百合 194
凤眼蓝 149
佛罗里达株木 59
佛桑花 142
扶桑 142
芙蓉葵 164
蜉蝣草 35
福寿草 22
复叶槭 128
高杯花 97
高代花 106
高山杜鹃 60
高山蓍 101
高穗报春 12
高穗花报春 12
高雪轮 130
羔羊耳 50
宫灯百合 130
篝火花 14
古代稀 106
瓜叶菊 208
冠状银莲花 48
灌木须尾草 194
灌木状秋海棠 208
光千屈菜 139
圭亚那雏菊 31
鬼罂粟 106
桂花 193
桂竹香 46
海滨蝇子草 62
海角苣苔 83
海角樱草 83
海石竹 13
海寿花 149
海芋 151
寒丁子 194
旱金莲 140
河津樱 22
荷包牡丹 106
荷兰菊 175
荷叶莲 140
黑种草 49
红花 94
红花矾根 54
红花檵木 21
红花莲 105
红花路边青 96
红花石蒜 185
红花鼠尾草 160
红花水杨梅 96
红花细梗溲疏 130
红檵木 21
红蓝花 94
红蓼 184
红秋葵 168
红肾形草 54
红头草 69
红叶牛至 167
胡枝子 178
蝴蝶草 45
蝴蝶草 89
蝴蝶花 8
蝴蝶天竺葵 43
蝴蝶戏珠花 59
蝴蝶绣球 59
虎耳草 22
虎耳兰 167
花菖蒲 104
花瓜草 89
花笺菊“银瀑” 35
花韭 18
花葵 164
花菱草 51
花毛茛 48
花叶地锦 130
花叶杞柳 128
花叶鱼腥草 129
花烛 168
荒漠蜡烛 101
黄帝菊 138
黄花春黄菊 129
黄花吉利花 108
黄花玛格丽特 30
黄花蔓凤仙 129
黄花矢车菊 36
黄金脆饼 208
黄晶菊 31
黄栌 127
黄木香花 61
黄排草 99
黄芩 61
黄水仙 16
黄水枝 54
黄苏丹 36
茴藿香 167
混色蓝目菊 32
活石菊 163
活血莲 200
火把莲 150
火炬花 150
火燕兰 130
藿香蓟 89
矶菊 200
鸡蛋花 168
鸡冠花 190
鸡头 190
姬花菱草 51
姬金鱼草 144
姬紫花菜 46
吉利花 108
吉祥草 194
蓟 37
加拿大一枝黄花 155
加州蓝钟花 109
加州罂粟 51
假连翘 166
假龙头花 138
假荒芟 158
坚桃叶柃风铃草 80
姜黄 151
绛车轴草 52
绛三叶 52
结香 22
桔梗 153
金苞花 168
金槌花 103
金光菊 176
金合欢 22
金襴紫苏 112
金莲花 107
金莲花 140
金露花 166
金毛菊 167
金梅草 107
金丝梅 129
金线草 182
金叶刺槐“弗里西亚” 128
金叶洋槐“弗里西亚” 128
金鱼草 47
金盏花 35
金盏菊 35
金针菜 152
堇菜 8
锦葵 43
锦紫苏 112
荆葵 43
晶晶菊 31
九重葛 166
酒杯花 19
菊苣 167
菊类 174
巨韭 103
聚花风铃草 80

卷耳 ……44、208
卷耳霞草 ……44
卷耳状石头花 ……44
卡罗来纳茉莉 ……61
康乃馨 ……56
糠百合 ……105
克美莲 ……105
孔雀草 ……176
孔雀仙人掌 ……130
阔叶马齿苋 ……143
落新妇 ……100
蜡梅 ……207
兰香草 ……184
蓝布裙 ……29
蓝雏菊 ……87
蓝刺头 ……158
蓝费利菊 ……87
蓝芙蓉 ……36
蓝冠菊 ……97
蓝瑰花 ……18
蓝花丹 ……183
蓝花鼠尾草 ……188
蓝蓟 ……130
蓝目菊 ……32
蓝盆花 ……79
蓝星花 ……102
蓝雪花 ……183
蓝亚麻 ……75
蓝眼菊 ……34
蓝英花 ……194
老鹳草“射蓝” ……130
老鼠簕 ……116
离草 ……53
立金花 ……208
荔枝菊 ……36
栎叶绣球 ……76
连翘 ……22
莲 ……148
联毛紫菀 ……175
凉薄荷 ……162
凉菊 ……32
裂叶花葵 ……164
林下鼠尾草 ……194
林荫鼠尾草 ……186
鳞托菊 ……95
铃铛花 ……153
铃儿草 ……106
铃兰 ……55
凌霄花 ……165
流星花 ……87
琉璃繁缕 ……71
琉璃虎尾 ……144
琉璃菊 ……156
琉璃苣 ……109
琉璃唐草 ……38
琉璃唐棉 ……102
硫华菊 ……172
柳穿鱼 ……144
柳叶向日葵 ……175
六倍利 ……70
龙胆 ……181、194
龙面花 ……62
龙头花 ……47
耧斗菜 ……90
漏芦 ……158
鲁冰花 ……74
轮生鼠尾草“紫雨” ……194
轮叶金鸡菊“月光” ……167
罗马洋甘菊 ……78
裸菀 ……91
马其顿川续断 ……79
马蹄莲 ……151
马蹄纹天竺葵 ……42
马缨丹 ……134
马缨丹“黄光斑” ……134
马醉木 ……22
玛格丽特 ……14
麦毒草 ……130
麦秆菊 ……94
满天星 ……141
蔓长春花 ……168
蔓金鱼草 ……147
蔓马缨丹 ……168
蔓性野牡丹 ……130
芒 ……188
猫薄荷 ……162
猫尾红 ……168
猫须草 ……109
猫须公 ……109
猫爪花 ……90
毛地黄 ……72
毛剪秋罗 ……52
毛缕 ……52
毛蕊茛莲花 ……48
毛蕊花 ……98
玫瑰海棠 ……208
梅花 ……22
美国薄荷 ……162
美国芙蓉 ……164
美国蜡梅 ……194
美国蓝 ……102
美花红千层 ……127
美花莲 ……152
美丽红千层 ……127
美丽苘麻 ……164
美丽月见草 ……75
美女樱 ……111
美人蕉 ……167
美人樱 ……111
美洲茶 ……61
门氏喜林草 ……38
迷迭香 ……61
迷你蜀葵 ……87
米拉 ……102
绵草石蚕 ……50
绵毛水苏 ……50
绵枣儿 ……18
棉花 ……168
魔术百合 ……185
墨西哥橘 ……61
墨西哥鼠尾草 ……187
墨西哥紫罗兰 ……192
木本曼陀罗 ……166
木春菊 ……14
木槿 ……165
木兰 ……61
木曼陀罗 ……166
木茼蒿 ……14
木香花 ……61
牧根风铃草 ……81
那喀索斯 ……16
娜丽花 ……185
南非黄菊 ……32
南美水仙 ……194
南庭芥 ……39
尼格拉 ……49
茑萝 ……146
牛唇报春 ……10
牛耳草 ……98
牛舌草 ……29
牛舌樱草 ……10
欧丁香 ……58
欧防风 ……167
欧耧斗菜 ……90
欧石楠“圣诞游行” ……208
欧洲金盏花 ……200
欧洲山梅花 ……126
欧洲银莲花 ……48
盆菊 ……174
匹菊 ……91
飘香藤 ……142
苹果 ……61
苹果蓟 ……97
婆婆纳“蓝色喷泉” ……144
婆婆纳“牛津蓝” ……40
匍匐筋骨草 ……52
匍匐木紫草 ……206
葡萄风信子 ……17
七变化 ……134
麒麟菊 ……159
槭叶蚊子草 ……184
千鸟草 ……86
千鸟花 ……135
千日红 ……191
千寿菊 ……176
牵牛 ……146
浅裂叶百脉根 ……22
枪水仙 ……48

蔷薇 122
乔治亚蓝 40
巧克力秋英 173
青木 114
青牛舌头花 175
青葙 190
秋海棠 180
秋明菊 180
秋水仙 205
秋英 172
球根秋海棠 208
球根鸢尾 62
球花报春 12
球兰 167
驱蚊草 43
屈曲花 46
瞿麦 56
忍冬 165
日本百合杂交种 137
日本报春 62
日本吊钟花 61
日本蓝盆花 79
日本鸢尾 129
日冠花 41
日日草 97
绒桐草 167
绒缨花 69
绒缨菊 69
柔毛羽衣草 102
瑞香 21
三角苋 191
三脉紫菀 193
三色堇 8
三色牵牛 146
伞花麦秆菊 112
伞形蓟 158
扫帚菜 183
扫帚草 183
山茶 207
山洞紫罗兰 41
山梗菜 70
山石榴 182
山桃草 135
山无心菜 44
山芫荽 35
山月桂 61
山茱萸 22
珊瑚樱 208
珊瑚钟 54
芍药 53
少花蜡瓣花 207
蛇鞭菊 159
蛇目菊 194
麝香百合 136
麝香草 110
麝香兰 17
神香草 130
肾茶 109
生地 83
圣诞玫瑰 202
圣诞欧石楠 208
胜红蓟 89
狮头石竹 56
蓍草 101
十大功劳 208
石碱花 45
石蒜 185
石竹 56
矢车薄荷 162
矢车菊 36
梳黄菊 201
蜀葵 194
鼠尾草“东方弗里斯兰” 194
术活 100
双距花 41
双腺藤 142
水浮莲 149
水葫芦 149
水柳 139
水仙 16
睡莲 148
丝河菊 37
斯氏蓝菊 156
四季海棠 199
四季秋海棠 199
四照花 126
松虫草 79
松红梅 59
松明花 162
松田山梅花 61
苏丹凤仙花 68
宿根风铃草“阿尔卑斯蓝” 82
宿根福禄考 110
宿根龙面花 41
宿根亚麻 75
酸味草 199
随意草 138
穗花 145
穗花婆婆纳 145
梭鱼草 149
太阳花 154
太阳菊 15
昙花 168
唐菖蒲 53
糖果鸢尾 153
桃花树 21
桃叶风铃草 80
藤本天竺葵 42
蹄纹天竺葵 42
天宝花 129
天芥菜 62
天蓝尖瓣木 102
天蓝尖瓣藤 102
天蓝牵牛 146
天蓝绣球 110
天竺牡丹 92
田旋花 147
铁筷子 202
铁线莲 119
庭菖蒲 53
庭荠 9
头花蓼 199
土耳其桔梗 107
兔尾草 108
瓦筒花 80
弯曲花 46
万花筒射干 153
万寿菊 176
网花苘麻 164
忘都草 91
尾花 188
尾穗苋 191
文殊伞百合 105
无翅柳南香“南十字星” 208
五彩苏 112
五彩芋 168
五行草 143
五色椒 204
五星花 141
午时葵 88
舞花姜 167
勿忘草 29
勿忘我 29
西伯利亚绵枣儿 22
西达葵 87
西尔加香科科 144
西番莲 168
西红花 17
西洋白花菜 138
西洋常春藤 112
西洋杜鹃 22
西洋风露草 71
西洋金疮小草 52
西洋樱草 10
西洋猪牙花 13
希腊银莲花 20
溪荪 104
喜林草 39
细香葱 103
细辛叶毛茛 20
虾脊兰 55
虾夷葱 103
虾夷菊 155
狭叶白蝶兰 168
狭叶百日菊 157
狭叶剪秋罗 167
夏白菊 95
夏槿 89

夏雪草 44
仙客来 14
仙人谷 191
香葱 103
香石竹 56
香雪兰 19
香雪球 9
香叶天竺葵 43
香紫罗兰 46
向日葵 154
向日葵“金字塔” 175
象牙红 83
小白菊 167
小百日菊 157
小薄荷 162
小苍兰 19
小花矮牵牛 66
小升麻 100
小叶瑞木 207
小鸢尾 48
血红老鹳草 71
蟹爪兰 194
心叶假面花 167
新几内亚凤仙花 69
兴安石竹 56
星辰花 108
星光草 149
星光莎草 149
星星草 109
雄黄兰 141
熊耳菊 32
绣球花 76
绣球藤 58
雪宝花 19
雪滴花 18
雪朵花 39
雪光花 19
雪花莲 18
雪头开花 20
勋章菊 33
薰衣草 111
烟草 89
烟叶 89
岩白菜 20
岩玫瑰 88
岩蔷薇 88
雁河菊 37
雁来红 191
洋常春藤 112
洋地黄 72
洋丁香 58
洋甘菊 78
洋蓟 96
洋桔梗 107
洋菊 174
洋锯草 101
洋山丹花 134
洋山梅花 126
洋种忍冬 165
耶路撒冷鼠尾草 163
野草莓 62
野藿香 49
野牡丹 182
野罂粟 51
野芝麻 49
叶蓟 116
叶牡丹 198
叶子花 166
一串红 160
一串兰 188
一点红 69
一枝黄花 155
一枝菀 155
乙女百合 136
乙女樱 12
异果菊 34
异叶石南香 208
阴地蕨 206
银苞菊 159
银杯草 97
银边翠 168
银灰菊 162
银香菊 162
银叶菊 208
银叶香茶菜 204
英国常春藤 112
璎珞草 180
樱草 62
樱花草 12
樱茅 62
樱雪轮 130
萤火虫花 35
映山红 60
硬叶蓝刺头 158
优达菊 174
油菜 22
油点草 181
友禅菊 175
余容 53
鱼儿牡丹 106
虞美人 51
虞美人草 51
羽扇豆 74
羽衣甘蓝 198
玉蝉花 104
玉帘 152
玉簪 115
玉竹 62
郁金 151
郁金香 26
鸢叶桐葛 147
圆盾状忍冬 165
圆扇八宝 180
圆穗蓼“斯佩尔巴” 129
圆叶过路黄 129
圆叶景天 180
缘毛过路黄 99
月见草 129
樟脑草 162
针叶树 116
针叶天蓝绣球 47
珍珠绣线菊 22
芝麻 168
芝麻菜 22
芝麻花 138
芝樱 47
栀子 126
栀子花 126
纸鳞托菊“银瀑” 35
中国樱草 11
中欧孀草 79
钟花 80
重瓣鱼腥草 129
朱顶红 105
朱砂根 208
猪牙花 13
撞羽朝颜 66
紫斑风铃草 90
紫点喜林草 62
紫丁香花 58
紫芳草 192
紫花琉璃草 110
紫花珍珠菜 99
紫荠 39
紫君子兰 150
紫兰 55
紫罗兰 47
紫蜜蜡花 110
紫茉莉 192
紫扇花 75
紫式部 182
紫鼠尾草 186
紫松果菊 156
紫藤 129
紫菀 175
紫葳 165
紫珠 182
紫锥菊 156
钻石百合 185
钻石花 46
醉蝶花 138

原　　书：
封面设计　川尻裕美（尔格）
版式设计　石井真知子（Graphmarket）
图片合作　（株）arsphoto企划、薮正秀
校　　正　大塚美纪（聚珍社）
责　　编　八木国昭（主妇之友社）

图书在版编目（CIP）数据

花图鉴. 500种庭院花卉识别与养护 / 日本主妇之友社编著；张文慧译. — 北京：机械工业出版社，2022.2（2024.9重印）
ISBN 978-7-111-70067-8

Ⅰ. ①花…　Ⅱ. ①日…　②张…　Ⅲ. ①花卉－观赏园艺　Ⅳ. ①S68

中国版本图书馆CIP数据核字（2022）第010760号

机械工业出版社（北京市百万庄大街22号　邮政编码100037）
策划编辑：高　伟　周晓伟　　责任编辑：高　伟　周晓伟　刘　源
责任校对：梁　倩　　责任印制：单爱军
保定市中画美凯印刷有限公司印刷

2024年9月第1版第2次印刷
182mm × 257mm · 13.75印张 · 2插页 · 253千字
标准书号：ISBN 978-7-111-70067-8
定价：98.00元

电话服务
客服电话：010－88361066
010－88379833
010－68326294

网络服务
机　工　官　网：www. cmpbook. com
机　工　官　博：weibo. com/cmp1952
金　　书　　网：www. golden-book. com
机工教育服务网：www. cmpedu. com